NEW
全新版

高等院校基础课系列教材·实验类

GAODENG YUANXIAO JICHUKE XILIE JIAOCAI·SHIYAN LEI

# 化工原理实验

主　编　黄美英　梁克中

副主编　方思勇　陈　星

　　　　兰国新　吴晓珍

U0190612

重庆大学出版社

## 内 容 提 要

本书共分为 7 部分,主要由绪论、实验研究方法和实验设计方法、实验数据的误差分析和数据处理、化工工艺参数测量及常用仪表、化工原理基础实验、选做与演示实验和附录构成,实验内容涵盖流体流动、干燥、传热、精馏、吸收、非均相分离等典型的化工单元过程。本书力求适应培养具有较强实践能力和具有一定创新能力的化工相关专业人才的需要,体现化工原理实验教学内容的层次性、教学方法和手段的不断创新性。

本书旨在开拓学生的实验思路,创新实验方法和技术,提高学生分析和解决工程实际问题的能力。

本书可供高等院校化学工程工艺及其他相关专业作为化工原理实验课程的教材或参考书,也可供在化工、石油、食品、机械、医药、环境工程等领域从事科研、生产的技术人员参考。

**图书在版编目(CIP)数据**

化工原理实验/黄美英,梁克中主编.--重庆:
重庆大学出版社,2021.9
高等院校基础课系列教材
ISBN 978-7-5689-2962-2

Ⅰ.①化… Ⅱ.①黄…②梁… Ⅲ.①化工原理—实验—高等学校—教材 Ⅳ.①TQ02-33

中国版本图书馆 CIP 数据核字(2021)第 180644 号

**化工原理实验**
HUAGONG YUANLI SHIYAN

主 编 黄美英 梁克中
副主编 方思勇 陈 星 兰国新 吴晓珍
策划编辑:鲁 黎
特约编辑:涂 昀
责任编辑:陈 力 版式设计:鲁 黎
责任校对:谢 芳 责任印制:张 策

\*

重庆大学出版社出版发行
出版人:饶帮华
社址:重庆市沙坪坝区大学城西路 21 号
邮编:401331
电话:(023)88617190 88617185(中小学)
传真:(023)88617186 88617166
网址:http://www.cqup.com.cn
邮箱:fxk@cqup.com.cn(营销中心)
全国新华书店经销
重庆升光电力印务有限公司印刷

\*

开本:787mm×1092mm 1/16 印张:7.25 字数:174 千
2021 年 9 月第 1 版 2021 年 9 月第 1 次印刷
ISBN 978-7-5689-2962-2 定价:21.00 元

# 前 言

化工原理实验是化工类专业及其他相关专业的重要基础课程,是培养学生的化学工程观念以及化学工程技术的重要实践课程。化工原理实验对巩固和加深学生在化工原理课程中学习的基本原理、熟悉和掌握各单元设备操作及常见化工仪表的使用方法、培养学生工程技术实验能力、提升学生分析和解决工程实践问题的能力有着十分重要的作用。

随着科技的发展,对化工类人才的培养提出了新的要求,特别是实验教学过程中要不断开发新的实验技术和实验方法,同时实验装置也需要不断更新才能满足人才培养目标。由重庆三峡学院、四川大学、江苏昌辉成套设备有限公司共同设计加工了新的化工原理实验装置。针对新装置,有必要编写融合新实验技术、新实验教学内容、有针对性的化工原理实验教材。

《化工原理实验》共 7 部分,由绪论、实验研究方法和实验设计方法、实验数据的误差分析和数据处理、化工工艺参数测量及常用仪表、化工原理基础实验、选做与演示实验和附录构成。实验内容涵盖了流体流动、干燥、传热、精馏、吸收、非均相分离等典型的化工单元过程。本书力求适应培养具有较强实践能力和具有一定创新能力的化工类专业人才的需要,体现化工原理实验教学内容的层次性、教学方法和手段的不断创新性。

本书旨在开拓学生的实验思路,创新实验技术和实验方法,提升学生分析和解决工程实际问题的能力。

本书由黄美英、梁克中担任主编。方思勇、陈星、兰国新、吴晓珍担任副主编。黄美英编写第 1 章和第 2 章,梁克中编写第 5 章的 5.1—5.6 节、附录及参考文献,方思勇编写第 3 章和第 6 章,陈星编写第 4 章和第 5 章的 5.7 节,兰国新编写第 5 章的 5.8—5.10 节,吴晓珍负责全部实验的调试。全书由黄美英统稿和复核。本书在编写过程中参考了其他各版本的化工原理实验教材,在此向相关作者表示诚挚的感谢。

由于编者本身水平和我校实验设备有限,书中难免有疏漏之处,欢迎读者批评指正。

编　者

2021 年 5 月

# 目 录

第1章 绪论 ……………………………………………………… 1

1.1 化工原理实验教学的目的 …………………………………… 1

1.2 实验要求 …………………………………………………… 2

1.3 实验课堂纪律和注意事项 …………………………………… 3

1.4 化工原理实验室学生守则 …………………………………… 4

1.5 实验室环保知识 ……………………………………………… 4

1.6 实验室安全 …………………………………………………… 5

1.7 实验事故的应急处理 ……………………………………… 10

第2章 实验研究方法和实验设计方法 …………………… 11

2.1 实验研究方法 …………………………………………… 11

2.2 实验设计方法 …………………………………………… 14

第3章 实验数据的误差分析和数据处理 ………………… 15

3.1 实验数据的误差分析 …………………………………… 15

3.2 实验数据的采集与计算 ………………………………… 16

3.3 实验数据的处理方法 …………………………………… 19

第4章 化工工艺参数测量及常用仪表 …………………… 24

4.1 温度测量 ………………………………………………… 24

4.2 压力测量 ………………………………………………… 25

4.3 物位测量 ………………………………………………… 27

4.4 流量测量 ………………………………………………… 28

4.5 气相色谱仪 ……………………………………………… 30

4.6 阿贝折光仪 ……………………………………………… 32

第5章 化工原理基础实验 ………………………………… 36

5.1 流体阻力实验 …………………………………………… 36

5.2 流量计的流量校正实验 ………………………………… 43

　　5.3　离心泵性能测定实验　·················　49

　　5.4　真空恒压过滤实验　·················　54

　　5.5　干燥及干燥曲线测定　·················　59

　　5.6　冷空气-蒸气对流传热中和实验　·················　66

　　5.7　精馏综合实验　·················　71

　　5.8　气体吸收综合实验　·················　78

　　5.9　流化床干燥综合实验　·················　86

　　5.10　非均相分离综合实验　·················　91

第6章　选做与演示实验　·················　96

　　6.1　流线演示实验　·················　96

　　6.2　雷诺演示实验　·················　97

　　6.3　换热器、管路与机泵装置拆装实验　·················　99

附录　·················　103

　　附录1　干空气的物理性质($P = 101.325$ kPa)　·················　103

　　附录2　水的重要物理性质　·················　105

　　附录3　二氧化碳在水中的亨利系数($E \times 10^{-5}$, kPa)

　　　　·················　106

　　附录4　常压下乙醇-水溶液的汽液平衡数据　·················　107

参考文献　·················　108

# 第 **1** 章
# 绪 论

## 1.1　化工原理实验教学的目的

"化工原理实验"课程紧密联系化工生产实际,既是配合化工专业理论教学课程设置的实验课,又是一门重要的专业实践课。目的是培养学生掌握化工原理实验技术和实验研究方法,使学生在学习化工主要基本原理的基础上,加深对化工主要原理、方法及重要概念的理解,并能提高灵活应用这些原理进行化工操作、设计和模拟实验的能力。化工原理实验不同于基础课实验,其具有典型的工程实际特点。化工原理实验是按各化工单元操作原理设置的,其工艺流程、操作条件和参数变量,都比较接近工业应用。研究问题的方法是用工程的观点去分析、观察和处理数据。实验结果可以直接用于或指导工程计算和设计。学习、掌握化工原理实验及其研究方法,是学生从理论学习到工程应用的一个重要实践过程,因此化工原理实验在教学过程中是十分重要的。

通过本课程的实验教学将达到以下目的:

①配合理论教学,通过实验从实践中进一步学习、掌握和运用学过的基本理论。

②运用学过的化工基本理论,分析实验过程中的各种现象和问题,培养和训练学生分析问题和解决问题的能力。

③了解化工实验设备的结构、特点,学习常用实验仪器仪表的使用,使学生掌握化工实验的基本方法并通过实验操作训练学生的实验技能。

④通过计算机对实验数据进行分析处理,并编写相关报告,培养和训练学生实际计算和组织报告的能力。

⑤通过实验培养学生良好的学风和工作作风,以严谨、科学、求实的精神对待科学实验与开发研究工作。

## 1.2　实验要求

### 1.2.1　实验准备工作

实验前必须认真预习实验教材和化工原理教材相关章节,了解所做实验的目的、要求、方法和基本原理。在全面预习的基础上写出预习报告(内容包括:目的、原理、预习中的问题),并准备好相关实验记录用的原始数据表格。

进入实验室后,要对实验装置的流程、设备结构、测量仪表做细致地了解,并认真思考实验操作步骤、测量内容与测定数据的方法。对实验预期的结果、可能发生的故障和排除方法,做一些初步的分析和估计。

实验开始前,小组成员应进行适当分工,明确要求,以便在实验中协调工作。设备启动前要检查、调整设备进入启动状态,然后再进行送电、送水或蒸汽之类启动操作。

### 1.2.2　实验操作、观察与记录

设备的启动与操作,应按教材说明的程序,逐项进行。对压力、流量、电压等变量的调节和控制,要缓慢进行,防止剧烈波动。

在实验过程中,应全神贯注、精心操作,要详细观察所发生的各种实验现象,例如物料的流动状态等,这将有助于对过程的分析和理解。

实验中要认真仔细地测定数据,并将数据记录在规定的原始数据表格中。对数据要判断其合理性,在实验过程中如遇数据重复性差或规律性差等情况,应分析实验中的问题,找出原因并加以解决。必要的重复实验是需要的,任何草率的学习态度都是有害的。

做完实验后,要对数据进行初步检查,查看数据的规律,有无遗漏或记错,一经发现应及时补正。实验记录应请指导教师检查,同意后再停止实验并将设备恢复到实验前的状态。

实验记录是处理、总结实验结果的依据。实验应按实验内容预先制作记录表格,在实验过程中认真做好实验记录,并在实验中逐渐养成良好的记录习惯。记录应仔细认真,整齐清楚。要注意保存原始记录,以便核对。以下是几点参考意见:

①对稳定的操作过程,在改变操作条件后,一定要等待过程达到新的稳定状态再开始读数记录。对不稳定的操作过程,从过程一开始就应进行读数记录,为此就要在实验开始之前,充分熟悉方法并计划好记录的时刻或位置等。

②记录数据应是直接读取原始数值,不要经过运算后再记录,例如秒表读数 1 分 38 秒,就应记为 $1'38''$,不要记为 $98''$。又如 U 型压力计两臂液柱高差,应分别读数记录,不应只读取或记录液柱的差值,或只读取一侧液柱的变化乘 2 等。

③根据测量仪表的精度正确读取有效数字。例如 1/10 ℃分度的温度计,读数为 22.24 ℃时,其有效数字为 4 位,可靠值为 3 位。读数最后一位是带有读数误差的估计值,尽管带有误差,在测量时仍应进行估计。

④对待实验记录应采取科学的态度,不要凭主观臆测修改记录数据,也不要随意弃舍数据,对可疑数据,除有明显原因,如读错、误记等情况使数据不正常可以弃舍之外,一般应在数据处理时检查处理。数据处理时可以根据已学知识,如热量衡算或物料衡算为根据,或根据误差理论弃舍原则来进行。

⑤记录数据应注意书写清楚,字迹工整。记错的数字应划掉重写,避免使用涂改的方法,涂改后的数字容易误读或看不清楚。

### 1.2.3 实验报告

实验结束后,应及时处理实验数据,按实验要求,认真完成报告的整理编写工作。实验报告是实验工作的总结,编写实验报告也是对学生工作能力的培养,因此要求学生独立完成这项工作。

实验报告应包括以下内容:

①实验题目。

②实验的目的或任务。

③实验的基本原理。

④实验设备及流程(绘制简图),简要的操作说明。

⑤实验操作步骤。

⑥原始记录数据表。

⑦数据整理方法及计算示例,实验结果可以用列表、图形曲线或经验公式表示。

⑧分析讨论。

实验报告应力求简明,分析条理清楚,文字书写工整,正确使用标点符号。图表要整齐地放在适当位置,报告要装订成册。

报告中应写出学生姓名、班级、实验日期、同组人员和指导教师姓名。

报告应在指定时间交指导教师批阅。

## 1.3 实验课堂纪律和注意事项

①准时进实验室,不得迟到或早退,不得无故缺课。

②遵守课堂纪律,严肃认真地进行实验。实验室不准吸烟,不准打闹说笑或进行与实验无关的活动。

③对实验设备及仪器等在没弄清楚使用方法之前,不得动手。与本实验无关的设备和仪表不能乱动。

④爱护实验设备、仪器仪表。注意节约使用水、电、气及药品。

⑤保持实验现场和设备的整洁,禁止在设备、仪器和台桌等处乱写、乱画。衣物、书包不得挂在实验设备上,应放在指定的地方。

⑥注意安全及防火。电机启动前,应观察电机及运转部件附近有无人员在工作。合上

电闸时,应慎防触电。注意电机有无怪声和严重发热现象。精馏实验附近不准动用明火。

⑦实验结束后应认真清扫现场,并将实验设备、仪器等恢复到实验前状态,经检查合格后方可离开实验室。

最后,要严格遵守实验室的规章制度,确保人身安全及设备的完好,使实验教学正常进行。

## 1.4　化工原理实验室学生守则

①学生应重视实验课,要有严肃认真的科学态度,坚持理论联系实际,努力掌握基本实验技能,提高分析问题和解决问题的能力。

②课前要认真预习,完成实验预习作业,明确实验目的,了解实验原理,知道实验步骤和操作要领。经老师批准方可进入实验室,未准备或准备不充分的学生不得进入实验室。

③进入实验室后必须穿实验工作服,不得穿凉鞋、拖鞋、丝袜等皮肤直接暴露在空气中的服装。进入实验室后,要保持安静,定组定位,按规定就座,不得随意换位。遵守实验室的一切规章制度,听从实验指导教师指挥。

④实验操作时,学生要严格按照实验设备、仪器、电路的操作规程进行实验操作。操作中仔细观察,认真思考,如实记录实验现象和数据,当仪器设备发生故障时,严禁擅自处理,应保持镇定,并立即报告实验指导教师。

⑤保持实验室整洁,用过的废渣、废纸、废液等不得随意丢弃,须放入指定容器中。衣服、书包等物品应放到实验室书包柜中。

⑥实验完毕,应将仪器擦拭干净,仔细检查气瓶、阀门、水龙头、电源是否关闭,不得将实验用品及设备带出实验室,整理好实验台面,做好室内的清洁工作。

⑦实验完毕,记录数据需要实验指导教师审查签字,根据实验内容和要求及时写出实验报告。实验报告必须如实反映实验结果和实验过程,不得随意臆造或抄袭他人实验数据和记录。

## 1.5　实验室环保知识

实验室产生的废液、废气、废渣等,即使数量不大,也要避免不经处理而直接排放到河流、下水道和大气中去,防止污染危害自身或危及他人健康。

①实验室一切药品及中间产品必须贴上标签,注明为某物质,防止误用以及因情况不明处理不当而发生事故。

②绝对不允许用嘴去吸移液管液体以获取各种化学试剂和各种溶液,应用洗耳球等物品吸取。

③处理有毒或带有刺激性的物质时,必须在通风橱内进行,防止这些物质散逸在室内。

④实验室的废液应根据其物质性质的不同而分别集中在废液桶内,并贴上明显的标签,以便于废液的处理。

⑤在集中废液时要注意,有些废液是不可以混合的,如过氧化物和有机物、盐酸等挥发性酸与不挥发性酸铵盐等。

⑥对接触过有毒物质的器皿、滤纸、容器等要分类收集后集中处理。

⑦一般的酸碱处理,必须在进行中和后用水大量稀释才能排放到地下水槽。

⑧在处理废液、废物等时,需要戴上防护眼镜和橡皮手套。对具有刺激性、挥发性的废液处理时,要戴上防毒面具并在通风橱内进行。

## 1.6 实验室安全

化工原理实验具有其自身的要求和特点,如所用药品部分是易燃、易爆、有毒、有腐蚀性的物质,必须格外小心,所操作仪器价格昂贵,若损坏将造成较大损失。因此,在进行实验时必须严格执行安全操作规程,加强安全措施,防止事故发生,防止仪器损坏。实验室安全技术和环境保护对开展科学实验有着重要意义,我们不但要掌握这方面的有关知识,而且应该在实验中加以重视,防患于未然。

### 1.6.1 实验室安全知识

**1)实验室常用危险品的分类**

实验室常有易燃、易爆、有毒、有腐蚀性物质,归纳起来主要有以下几类:

(1)可燃气体

遇火受热或与氧化剂相接触能引起燃烧或爆炸的气体称为可燃气体,如氢气、甲烷、乙烯、煤气、液化石油、一氧化碳等。

(2)可燃液体

容易燃烧而在常温下呈液态,具有挥发性,闪点低的物质称为可燃液体,如乙醚、丙酮、汽油、乙醇等。

(3)可燃性固体物质

遇火、受热、撞击、摩擦或与氧化剂接触能着火的固体称为可燃性固体物质,如五硫化磷、三硫化磷等。

(4)爆炸性物质

在热力学上很不稳定,受到轻微摩擦、撞击、高温等因素的激发而发生激烈的化学变化,在极短时间内放出大量气体和热量,同时伴有热和光效应发生的物质称为爆炸性物质,如过氧化物、氮的卤化物、硝基或亚硝基化合物以及乙炔类化合物等。

(5)自燃物质

在没有任何外界热源的作用下因自行发热和向外散热,热量积蓄升温到一定程度能自行燃烧的物质称为自燃物质,如磁带、胶片、油布、纸等。

（6）遇水燃烧物质

当吸收空气中水分或接触了水时会发生激烈反应,并放出大量可燃气体和热量,达到自燃点而引发燃烧和爆炸的物质称为遇水燃烧物质,如活泼金属钾、钠、锂及其氢化物等。

（7）混合危险性物质

两种或两种以上的物质,混合后发生燃烧和爆炸的称为混合危险性物质,如强氧化剂（重铬酸盐、氧、发烟硫酸等）、还原剂（苯胺、醇类、有机酸、油脂、醛类等）。

（8）有毒物品

某些侵入人体后在一定条件下破坏人体正常生理机能的物质称有毒物质,分类如下:

①窒息性毒物:氮气、氢气、一氧化碳等。

②刺激性毒物:酸类蒸气、氧气等。

③麻醉性或神经毒物:芳香类化合物、醇类化合物、苯胺等。

④其他无机及有机毒物,指对人体作用不能归入上述 3 类的无机和有机毒物。

**2）防燃、防爆的措施**

（1）有效控制易燃物及助燃物

化工类实验室防燃、防爆的根本是对易燃物及易爆物的用量和蒸气浓度进行有效控制。

①控制易燃、易爆物用量。原则上是用多少领多少,不用的要存放在安全地方。

②加强室内的通风。主要是控制易燃、易爆物质在空气中的浓度,不大于爆炸下限的 1/4。

③加强密闭。在使用和处理易燃、易爆物质（气体、液体、粉尘）时,加强容器、设备、管道的密闭性,防止泄漏。

④充惰性气体。在爆炸性混合物中充惰性气体可缩小爆炸范围,以消除爆炸,制止火焰蔓延。

（2）消除火源

①管理好明火及高温表面,在有易燃、易爆物质的场所,严禁明火（电热板、开式电炉、电烘箱、马弗炉、煤气灯等）及白炽灯照明。

②严禁在实验室内吸烟。

③避免摩擦和冲击、因摩擦和冲击过程中可能过热甚至产生火花。

④严禁各类电气火花,包括高压电火花放电、弧光放电、电接点微弱火花等。

（3）消防措施

消防的基本方法有 3 种:

①隔离法:将火源处或周围的可燃物撤离或隔开,由于燃烧区缺少可燃物、燃烧停止。

②冷却法:降低燃烧物的燃点温度是灭火的主要手段,常用冷却剂是水和二氧化碳。利用冷却剂将燃烧物的温度降低到燃点以下,迫使燃烧停止。

③窒息法:冲淡空气使燃烧因得不到足够的氧气而熄灭,如用黄沙、石棉毯、湿麻袋、二氧化碳、惰性气体等。但对爆炸性物质起火不能用覆盖法,若用了覆盖法会停止气体的扩散反而增加了爆炸的破坏力。

(4)有毒物质的基本预防措施

实验室中多数化学药品都具有毒性,毒物侵入人体主要有3个途径:皮肤、消化道、呼吸道。因此,只要依据毒物危害程度的大小,采取相应的预防措施就能防止其对人体产生危害。

①使用有毒物时要戴上防毒面具、橡皮手套,必要时穿防毒衣装。

②实验室内严禁吃东西,离开实验室应洗手,如面部或身体被污染必须进行清洗。

③实验装置尽可能密闭,防止冲、溢、跑、冒事故发生。

### 1.6.2 实验室的防火与用电知识

化工原理实验是一门实践性很强的技术基础实验课,而在实验过程中不可避免地要接触易燃、易爆、有腐蚀性和毒性等物质和化合物,同时还会在高压、高温、低温或真空条件下进行操作。此外,还要涉及用电和仪表操作等方面的问题,故要想有效地达到实验目的,就必须掌握安全知识。

**1)防火安全知识**

实验室内应配备一定数量的消防器材,实验操作人员要熟悉消防器材的存放位置与有关知识及使用方法。

①易燃液体(指密度小于水),如汽油、苯、丙酮等着火,应用泡沫灭火器进行灭火,因泡沫密度比易燃液体小,比空气大,故可覆盖在液体上以隔绝空气。

②金属钠、钾、钙、铁、铝、电石、过氧化钠等着火,可采用干沙灭火,此外还可用不燃性固体粉末灭火。

③电器设备或带电系统着火,可用四氯化碳灭火器灭火,但不能用水或二氧化碳、泡沫灭火器,因为后者导电,这样会造成扑火人触电事故。使用时要站在上风侧,以防四氯化碳中毒,室内灭火后应打开门窗通风。

④其他情况着火,可用水来灭火。

总之,一旦发生火情,不要慌乱,要冷静地判断情况,采取措施,迅速找来灭火器或用消防水龙头进行灭火,同时立即报警。

**2)用电安全知识**

①实验前必须了解室内总电闸与分电闸的位置,便于发生用电事故时及时切断电源。

②接触或操作电器设备时,手必须干燥。所有的电器设备在带电时不能用湿布擦拭,更不能有水落在其上,不能用试电笔去试高压电。

③电器设备维修时必须停电作业。例如接保险丝时,一定要拉下电闸后再进行操作。

④启动电动机,合闸前先用手转动一下电动机的轴,合上电闸后,立即查看电动机是否转动,若不转动,应立即拉闸,否则电动机很容易被烧毁。若电源开关是三相刀开关,合闸时一定要快速地猛合到底,否则会发生三相中一相实际上未接通。

⑤若用电设备是电热器,在通电前,一定要弄清楚进行电加热所需要的前提条件是否已经具备。例如,在精馏塔实验中,在接通塔釜电加热器之前,必须清楚塔底液位是否符合要求,塔顶冷凝器的冷凝水是否已经打开;干燥实验在接通空气预热器的电加热器前,必须打

开鼓风机,才能给预热器通电。另外,电热设备不能直接放在木制试验台上使用,必须用隔热材料垫,以防引起火灾。

⑥所有电器设备的金属外壳应接地线,并定期检查是否连接良好。

⑦导线的接头应紧密牢固,裸露的部分必须用绝缘胶包好,或者用塑料绝缘管套好。

### 1.6.3 高压气体钢瓶的安全使用

**1)高压气体钢瓶使用概述**

在化工实验中,高压气体是需要特别注意的东西。其大体可以分为两类:一类是具有刺激性气味的气体,如氨、二氧化硫等,这类气体的泄漏一般容易被发觉;另一类是无色无味,但有毒性且易燃、易爆的气体,如一氧化碳等,此类气体不仅易使人中毒,且在室温空气中易爆炸,其爆炸极限范围为 12% ~ 74%。

广义的气体钢瓶应包括不同压力、不同容积、不同结构形式和不同材料用以储运永久气体、液化气体和溶解气体的一次性或可重复充气的移动式的压力容器。其中,高压气体钢瓶是一种储存各种压缩气体或液化气体的高压容器。其容积一般为 40 ~ 60 L,最高工作压力多为 15 MPa,最低为 0.6 MPa。通常瓶内压力很高,储存的气体可能有毒或易燃、易爆,故应掌握气瓶的构造特点和安全知识,以确保安全。

高压气体钢瓶主要由筒体和瓶阀构成,其他附件还有保护瓶阀的安全帽、开启瓶阀的手轮以及运输过程中减少震动的橡胶圈。在使用时,瓶阀口还要连接减压阀和压力表。

各类高压气体钢瓶的表面都应涂有一定颜色的油漆,其目的不仅是防锈,主要是能从颜色上迅速辨别高压气体钢瓶中所储存气体的种类,以免混淆。常用高压气体钢瓶的颜色及其标识见表 1.1。

表 1.1　常用高压气体钢瓶的颜色及其标识

| 名　称 | 工作压力 | 钢瓶颜色 | 文字颜色 | 阀门出口螺纹 |
| --- | --- | --- | --- | --- |
| 氧 | 15 | 浅蓝色 | 黑色 | 右旋 |
| 氢 | 15 | 暗绿色 | 红色 | 左旋 |
| 二氧化碳 | 12.5 | 黑色 | 黄色 | 右旋 |

**2)高压气体钢瓶使用注意事项**

①当高压气体钢瓶受到明火或阳光等热辐射的作用时,瓶内气体因受热而膨胀,使瓶内压力增大。当压力超过工作压力时,就有可能发生爆炸。因此,高压气体钢瓶在运输、保存和使用时,应远离热源(明火、暖气、炉子等),并避免长期暴露在日光下,尤其在夏天更应注意。

②高压气体钢瓶即使在常温下受到猛烈撞击,或不小心将其碰倒跌落,都有可能引起爆炸,所以在运输过程中要轻搬轻放,避免跌落撞击,使用时要固定好,防止碰倒,更不允许使用锥子、扳手等金属器械敲打高压气体钢瓶。

③当高压气体钢瓶安装好减压阀和连接管线后,每次使用前都要在瓶阀附近用肥皂水检查,确认不漏气才能使用。对于有毒或易燃、易爆气体的高压气体钢瓶,除了要保证严密不漏外,最好单独放置在远离实验室的房间内。

④高压气体钢瓶中的气体不要全部用尽。一般高压气体钢瓶使用到压力为 0.5 MPa 时,应停止使用,因为压力过低会给充气带来不安全因素(如钢瓶内压力与外界大气压力相同时,会使空气进入)。对危险气体来说,因上述情况在充气时发生爆炸已有许多事故教训。

⑤瓶阀是高压气体钢瓶的关键部件,必须进行保护,否则可能会发生事故。

⑥使用高压气体钢瓶时,必须用专用的减压阀和压力表。尤其是氧气和可燃气体不能互换,为了防止氧气和可燃气体的减压阀混用造成事故,表盘上都须标注氧气表、氢气表、丙烷表的字样。氢气及其他可燃气体瓶阀及其减压阀的连接管为左旋螺纹,而氧气等不可燃烧气体瓶阀及其减压阀的连接管为右旋螺纹。

⑦氧气瓶阀严禁接触油脂。因为高压氧气与油脂相遇,会引起燃烧,以致爆炸,故切莫用带油污的手和扳手开关氧气钢瓶。

⑧要注意保护瓶阀。开关瓶阀时,一定要在弄清楚方向后再缓慢转动,因为旋转方向错误和用力过猛会使螺纹受损,受损严重时可能使螺纹冲脱而出,造成重大事故。关闭瓶阀时,不漏气即可,不要关得过紧。使用完毕或搬运时,一定要装上保护瓶阀的安全帽。

⑨当瓶阀发生故障时,应立即报告指导教师。严禁擅自拆卸瓶阀上的任何零件。

**3）减压阀**

气体减压阀的高压腔与钢瓶连接,低压腔为气体出口,并通往使用系统。高压表的示值为钢瓶内储存气体的压力,低压表的出口压力可由调节螺杆控制。

使用时先打开钢瓶总阀门,然后顺时针转动调节螺杆,使其压缩弹簧传动至弹簧垫块、金属膜片和顶杆而将活门打开。这样上游进口的高压气体由高压室经节流减压后进入低压室,并经出口通往下游工作系统。转动调节螺杆,改变活门开启的程度,从而调节高压气体的通过量并达到所需的压力值。若下游压力降低,则金属膜片上顶的力量下降,在弹簧的作用下,活门被顶开,下游的气体得到补充,直到下游气体压力恢复到减压阀设定的压力为止。

减压阀都装有安全阀。安全阀是维护减压器安全使用的卸压装置和减压器出现故障的信号装置。当输出压力由于活门密封垫、阀座损坏或其他原因自行上升到超过最大输出压力的 1.5～15 倍时,安全阀会自动打开排气;当压力降低到许用值时则会自动关闭。

（1）压力设定

当正确地将减压器安装在高压气体钢瓶阀上,并打开高压气体钢瓶阀后,应该严格按照如下步骤进行压力设定:

①关闭减压阀前的阀门(一般为高压气体钢瓶阀门)。开启减压阀后的阀门。

②将减压阀调节螺杆按逆时针方向旋转至最上位置(此时出口压力调至最低),然后关闭减压阀后的阀门。

③慢慢开启减压阀前的阀门至全开。

④顺时针慢慢旋转调节螺杆,将出口压力调至所需要的压力(以阀后表压为准);调整好

后,将锁紧螺母锁紧,打开减压阀后的阀门,则可稳定给下游供气。但是需指出,如在调整时出口压力高于设定压力,则必须从步骤①开始重新调整,即只能从低压向高压调。

（2）关闭

工作完毕时只要全松调节螺杆,活门在高压气体作用力和活门弹簧的作用下就会关闭密封。最后关闭高压气体钢瓶阀门。

## 1.7　实验事故的应急处理

在实验操作过程中,多种原因可能发生危害事故,如火灾、烫伤、中毒、触电等。在紧急情况下必须在现场立即进行应急处理,减小损失,不允许擅自离开而造成更大的危害。

①发生火灾时应选用适当的消防器材及时灭火。当电器发生火灾时应立即切断电源,并进行灭火。在特殊情况下不能切断电源时,不能用水来灭火,以防二次事故发生。若火势较大,应立即报告消防队,并说明情况。

②割伤。应先取出玻璃碎片,用蒸馏水洗净伤口,然后用药棉及碘酒擦洗伤口,最后用消毒纱布包扎。大量出血或割伤应去医院治疗。

③触电。发现有人触电应立即拉断电源,不能拉开电闸时,应用绝缘体(如木棒、椅子等)使电线或电热器与触电者脱离,切忌直接救护触电者。切断电源后,立即将伤者送往医院治疗。

④药品烧蚀伤。被酸或碱烧伤时,尽可能快地用水冲洗,然后用中和剂(被碱烧伤时用1%~2%的醋酸或硼酸溶液;被酸烧伤时用5%的碳酸氢钠溶液)洗涤。被溴烧伤时,应立即用酒精洗涤,然后涂上甘油或烫伤油膏。

⑤轻度烫伤或烧伤。用硼酸水及药膏涂抹,用纱布包好,烫泡大者不可刮破,须由医生酌情处理。

⑥眼睛受伤。立即用大量水冲洗眼睛(不可用手擦和揉眼睛),如使用中和剂则应特别小心,只能用不大于1%的硼酸或碳酸氢钠溶液,然后用蒸馏水冲洗。

# 第 2 章
# 实验研究方法和实验设计方法

## 2.1 实验研究方法

化学工程学科如同其他工程学科一样,除了生产经验的总结之外,实验研究也是学科建立和发展的重要基础。多年来,在发展过程中形成的研究方法有直接实验法、因次分析法和数学模型法等几种。

### 2.1.1 直接实验法

直接实验法是解决工程实际问题最基本的方法。一般是指对特定的工程问题进行直接实验测定,从而得到需要的结果。这种方法得到的结果较为可靠,但它往往只能用在条件相同的情况下,具有较大的局限性。例如,物料干燥,已知物料的湿份,利用空气作干燥介质,在空气温度、湿度和流量一定的条件下,直接实验测定干燥时间和物料失水量,可以做出该物料的干燥曲线,如果物料和干燥条件不同,所得干燥曲线也不同。

### 2.1.2 因次分析法

对一个多变量影响的工程问题进行实验,为研究过程的规律,用实验测定,即依次固定其他变量,改变某一个变量测定目标值。如果变量数为 $m$ 个,每个变量改变条件数为 $n$ 次,按这种方法规划实验,所需实验次数为 $n^m$ 次。依这种方法组织实验,所需实验数目非常大,难以实现。所以,实验需要在一定理论指导下进行,以减少工作量,并使得到的结果具有一定的普遍性。

因次分析法是化学工程实验研究广泛使用的一种方法。在流体力学和传热过程的问题研究中,出现了许多影响这些过程的变量,如设备的几何条件、流体流动条件、流体的物性变化等。利用直接实验法测定,将使研究工作变得困难,因为改变许多变量来做实验,这几乎是不可能的,而且实验结果也难以普遍使用。利用因次分析方法,可以大大减少工作量。

因次分析法,所依据的基本原则是物理方程的因次一致性。将多变量函数整理为简单的无因次数群的函数,然后通过实验归纳整理出准数关系式,从而大大减少实验工作量,同时也容易将实验结果应用到工程计算和设计中。

因次分析法的具体步骤是:

①找出影响过程的独立变量。

②确定独立变量所涉及的基本因次。

③构造变量和自变量间的函数式,通常以指数方程的形式表示。

④用基本因次表示所有独立变量的因次,并写出各独立变量的因次式。

⑤依据物理方程的因次一致性和 π 定理得出准数方程。

⑥通过实验归纳总结准数方程的具体函数式。

例如,流体在管内流动的阻力和摩擦系数 $\lambda$ 的计算研究,是利用因次分析方法和实验解决的。由实验可知,影响流体在管内流动阻力的因素有:管径 $d$、管长 $l$、流速 $u$、流体的物性密度 $\rho$ 和黏度 $\mu$ 及管壁的粗糙度 $\varepsilon$,写成函数关系式为:

$$\Delta P = f(d, l, u, \rho, \mu, \varepsilon) \tag{2.1}$$

由白金汉 π 定理指出,无因次数群数 $N$,等于影响现象的变量数 $n$ 减去基本因次数 $m$,即 $N = n - m$,由以上分析变量数 $n = 7$ 个,表示这些物理变量的基本因次 $m = 3$,有质量 $[M]$,长度 $[L]$ 和时间 $[\theta]$。由 π 定理可知可以整理得到 4 个无因次数群。将式(2.1)改写为乘幂函数的形式,即:

$$\Delta P = K d^a l^b u^c \rho^d \mu^e \varepsilon^f \tag{2.2}$$

通过因次分析,将变量无因次化。式中各物理量的因次是:

$$\Delta P = \left[ M L^{-1} \theta^{-2} \right] \qquad \rho = \left[ M L^{-3} \right]$$
$$d = l = \left[ L \right] \qquad \mu = \left[ M L^{-1} \theta^{-1} \right]$$
$$u = \left[ L \theta^{-1} \right] \qquad \varepsilon = \left[ L \right]$$

将各物理量的因次代入式(2.2),则两端因次为:

$$M L^{-1} \theta^{-2} = L^a L^b (L \theta^{-1})^c (M L^{-3})^d (M L^{-1} \theta^{-1})^e L^f \tag{2.3}$$

即

$$M L^{-1} \theta^{-2} = L^{a+b+c-3d-e+f} M^{d+e} \theta^{-c-e} \tag{2.4}$$

根据物理方程因次一致原则,式(2.4)等号两侧各基本量的因次的指数必然相等,可得方程组:

对因次 $[M]$ $\qquad\qquad\qquad d + e = 1$

对因次 $[L]$ $\qquad\qquad a + b + c - 3d - e + f = -1$

对因次 $[\theta]$ $\qquad\qquad\qquad -c - e = -2$

这样得到 3 个基本方程,有 6 个未知数,设用其中 3 个未知数 $b, e, f$ 来表示 $a, d, c$,解此方程组,可得:

$$a = -b - e - f$$
$$d = 1 - e$$
$$c = 2 - e$$

求得的 $a,d,c$ 代入方程式(2.2),即得:

$$\Delta P = Kd^{-b-e-f}l^{b}u^{2-e}\rho^{1-e}\mu^{e}\varepsilon^{f} \tag{2.5}$$

将指数相同的各物理量归并在一起得:

$$\frac{\Delta P}{u^{2}\rho} = K\left(\frac{l}{d}\right)^{b}\left(\frac{du\rho}{\mu}\right)^{-\varepsilon}\left(\frac{\varepsilon}{d}\right)^{f} \tag{2.6}$$

$$\Delta P = 2K\left(\frac{l}{d}\right)^{b}\left(\frac{du\rho}{\mu}\right)^{-e}\left(\frac{\varepsilon}{d}\right)^{f}\left(\frac{u^{2}\rho}{2}\right) \tag{2.7}$$

将式(2.7)与计算流体在管内摩擦阻力公式相比较,得:

$$\Delta P = \lambda\left(\frac{l}{d}\right)\left(\frac{u^{2}\rho}{2}\right) \tag{2.8}$$

整理得到研究摩擦系数 $\lambda$ 的关系式,即

$$\lambda = 2K\left(\frac{du\rho}{\mu}\right)^{-e}\left(\frac{\varepsilon}{d}\right)^{f} \tag{2.9}$$

或

$$\lambda = \phi\left(Re,\frac{\varepsilon}{\delta}\right) \tag{2.10}$$

由以上分析可以看出,在因次分析法的指导下,将一个复杂的多变量影响的管内流体阻力计算问题,简化为摩擦系数 $\lambda$ 的研究和确定。具体的函数关系还必须依靠实验确定。

在传热过程的问题研究中,影响过程物理量增加的因素有热量、温度。在因次分析中,温度也可作为基本因次被引入。如果热量不是用质量和温度来定义的,热量也可以作为基本因次。利用因次分析法,也可以得到各种传热过程的准数函数。

由此看来,因次分析法是化工实验研究的有用工具,它指出了减少实验变量的方法,但在变量合并过程中,如何合并变量为有用准数,这是研究者必须十分注意的问题。在前例中是假设 $b,e,f$ 指数,由指数方程求解 $a,d,c$ 得到需要的有关准数 $\Delta P/\rho u^{2}, l/d, du\rho/\mu, \varepsilon/d$。若假设指数的条件不同,整理得到的准数形式也不同。另外还必须指出,应用因次分析法的过程必须对所研究的过程问题有本质的了解。如果有一个重要的变量被遗漏,那么就会得出不正确的结果,甚至推导出错误的结论。所以,应用因次分析法必须持谨慎态度。

### 2.1.3　数学模型法

数学模型法是近 20 年内产生、发展和日趋成熟的一种方法,但这一方法的基本要素在化工原理各单元中早已应用。只是没上升为模型方法的高度。数学模型法是在对研究的问题有充分认识的基础上,将复杂问题合理简化,提出一个近似实际过程的物理模型,并用数学方程(或微分方程)表示成数学模型,然后确定该方程的初始条件和边界条件,并求解方程。高速大容量电子计算机的出现,使数学模型法得以迅速发展,成为化学工程研究中的强有力工具。但这并不意味着可以取消和削弱实验环节,相反,对工程实验提出了更高的要求,一个新的、合理的数学模型,往往是在现象观察的基础上,或对实验数据进行充分研究后建立提出的,新的模型必然引出一定程度的近似和简化,或引入一定参数,这一切都有待于实验进一步的修正、校核和检验。

## 2.2 实验设计方法

实验研究可分为实验设计、实验实施、收集整理和分析实验数据等步骤。而实验设计是影响研究成功与否最关键的一个环节,是提高实验质量的重要基础。实验设计是在实验开始之前,根据某项研究的目的和要求,制订实验研究进程计划和具体的实验实施方案。其主要内容是研究如何安排试验、取得数据,然后进行综合的科学分析,从而达到尽快获得最优方案的目的。如果实验安排得合理,就能用较少的实验次数,在较短的时间内达到预期的实验目的;反之,实验次数越多,其结果还往往不能令人满意。实验次数过多,不仅浪费大量的人力和物力,有时还会由于时间拖得太长,使实验条件发生变化而导致实验失败。

### 2.2.1 单因素实验设计

实验中只有一个影响因素,或虽有多个影响因素,但在安排实验时只考虑一个对指标影响最大的因素,其他因素尽量保持不变的实验,即为单因素实验。这种策略的主要不足是忽略了因素间的交互作用,可能完全丢失最适宜的条件,不能考察因素的主次关系;当考察的实验因素较多时,需要大量的实验和较长的实验周期。在生产和科学实验中,人们为了达到优质、高产、低耗的目的,需要对有关因素的最佳点进行选择。由于单因素实验简单、方便,因此被广泛使用。做单因素实验往往是为正交实验做准备,为正交实验提供一个合理的数据范围。

### 2.2.2 正交实验设计

正交实验设计是指研究多因素多水平的一种实验设计方法。根据正交性从全面实验中挑选出部分有代表性的点进行实验,这些有代表性的点具备均匀分散、齐整可比的特点。正交实验设计是分式析因设计的主要方法。当实验涉及的因素在 3 个或 3 个以上,而且因素间可能有交互作用时,实验工作量就会变得很大,甚至难以实施。针对这个困扰,正交实验设计无疑是一种更好的选择。正交实验的基本特点是用部分实验来代替全面实验的,所以它不可能像全面实验那样对各因素效应、交互作用一一分析;当交互作用存在时,有可能出现交互作用的混杂。但是它能通过部分实验找到较优水平组合,因而深受实验工作者的青睐。

正交实验法的优点:

①实验点代表性强,实验次数少。

②不需要做重复实验就可以估计实验误差。

③可以分清因素的主次。

④可以使用极差和方差等数理统计的方法处理实验结果,推论出有价值的结论。

正交实验设计的主要工具是正交表,实验者可根据实验的因素数、因素的水平数以及是否具有交互作用等需求查找相应的正交表,再依托正交表的正交性从全面实验中挑选出部分有代表性的点进行实验,可以实现以最少的实验次数达到与大量全面实验等效的结果,因此应用正交表设计实验是一种高效、快速而经济的多因素实验设计方法。

# 第 **3** 章
# 实验数据的误差分析和数据处理

实验中进行大量的数据测定工作,如何采集实验数据,直接关系到实验结果的可靠性。实验获得的大量原始数据,通常需要进行计算处理,才能得到可以应用的结果,如列表、作图或整理成经验公式。也便于与课本或前人研究结果对比分析,对实验结果作出评价。下面介绍这方面的基本知识。

## 3.1 实验数据的误差分析

实验研究的目的,是期望通过实验数据获得可靠的、有价值的实验结果。而实验结果是否可靠、准确、真实地反映了对象的本质,不能只凭经验和主观臆断,必须应用科学的,有理论依据的数学方法加以分析、归纳和评价。因此,掌握和应用误差理论、统计理论等科学数据处理方法是十分必要的。

### 3.1.1 误差的概念

物质是客观存在的,有各种特性,反应物质特性的物理量的客观真实值,这个数值就称为真值。

从测量者的主观愿望来说,总想测出物理量的真值。然而任何实际测量是在一定环境下,用一定的仪器、一定的方法、由一定的人员完成的,存在周围环境不理想、测量方法不完善、仪器设备不精密、测量人员技术经验和能力不高等限制因素,使得任何测量都不会绝对精确。测量值与真值之间的差别称为误差。任何测量都有误差,误差贯穿于测量的全过程。

### 3.1.2 误差的分类与表达

**1) 实验误差的分类**

**(1) 系统误差**

系统误差是指实验分析中由于某些固定原因造成的误差,如方法误差(由测定方法本身引起的)、仪器误差(仪器本身不够准确),试剂误差(试剂不够纯)、主观误差(正常操作情况下操作者本身的原因)。系统误差是实验中的潜在弊端,若已知其来源,应设法消除。若无法在实验中消除,则应事先测出其数值的大小和规律,以便在数据处理时加以修正。

(2)偶然误差

偶然误差是由某些偶然的、随机的原因造成的误差。如测定时环境的微小波动,个人一时辨别的差异造成的读数不一致等。偶然误差是实验中普遍存在的误差,这种误差从统计学的角度看,它具有有界性、对称性和抵偿性,即误差仅在一定范围内波动,不会发散,当实验次数足够大时,正负误差将相互抵消,数据的算术均值将趋于真值。因此,不宜也不必去刻意地消除它。

(3)过失误差

因工作疏忽、操作马虎而引起的误差被称为过失误差。在消除系统误差的前提下,平行测定的次数越多,平均值就越接近真实值。

**2)误差的表达**

(1)数据的真值

虽然真值应是某量的客观实际值,但是在通常情况下,绝对的真值是未知的,只能用相对的真值来近似。在化工原理实验中,常采用3种相对真值,即标准器真值、统计真值和引用真值。

①标准器真值:用高精度测量仪器的测量值作为低精度测量仪器测量值的真值。

②统计真值:用多次重复实验测量值的平均值作为真值。

③引用真值:引用文献或手册上那些已被前人的实验证实,并得到公认的数据作为真值。

(2)绝对误差与相对误差

绝对误差与相对误差在数据处理中用来表示物理量的某次测定值与真值之间的误差。

(3)精密度与偏差

精密度是指在相同条件下重复测量时,各测量值间相互接近的程度。各测量值越接近,精密度就越高。精密度的高低可用平均偏差和标准偏差来表示,平均偏差和标准偏差值越小,表明精密度越高。

# 3.2 实验数据的采集与计算

## 3.2.1 实验数据的采集

为了保证实验获得正确的处理结果,实验时应注意正确采集原始数据。除了认真检查实验装置设备减少系统误差外,应精心操作,认真读取和记录数据,减少人为过失误差,力求原始数据的准确性。因此,在实验数据采集和记录过程中,需要从以下几个方面努力。

（1）正确选择测试参数

实验时应正确选定所测参数，测定那些与研究对象相关的独立变量，例如测定实验系统的介质流量、温度、压力及组成。介质的物性可从文献资料中查得。中间变量可首先通过直接测量，然后通过计算获得。应该指出：这里测定与研究的是对象的主要参数，而不是全部参数。

（2）采集的数据应正确反映对应的关系

对稳态实验操作过程，不仅应注意保证局部数据的准确性，而且要注意与其他数据的联系。所以，一定要在达到稳态的条件下才可读取数据，否则由于未达到稳定，其数据不具有真实对应关系。而对不稳定实验，则应按实验过程规划好读数的时间或位置，应该取同一瞬时值。

（3）正确读取及记录数据

首先认真注意仪表指示的量程、分度单位等，按正确方法读取数据。通常在一定条件下，仔细读取两次以达到自检的目的。记录要字迹清楚避免涂改，并注明单位。对所采集的数据要及时复读，运用所学的知识分析判断其趋势是否正确；发生异常时，应及时采取措施，加以排除。此外，要根据事先拟定的数据采集方案，检查是否漏采数据，以减少工作的反复。

（4）选择实验点的适宜分布

为了保证实验数据在处理过程中正确地反映各变量间的关系或在标绘成图形时分布合理，采集数据时应注意选点的分布。通常变量间呈线性关系时，实验点可以均匀分布。在对数坐标中呈线性关系的，其对数值为均匀分布。若按其真数布点时，应随其数值增大加大间隔。

对于变量间存在非线性关系的情况，应随实验进行观察适时布点，即变化缓慢时，可加大取点间隔，若变化比较敏感或比较激烈时，则应减小间隔，以便正确反映变化过程中的转折点。

### 3.2.2　实验数据的计算

#### 1）有效数据及有效数字运算规则

（1）有效数据

实验中测定的温度、流量、压力等数据是一类有单位的数字。这一类数据的特点是除了具有特定的单位外，其最后一位数字往往是由仪表的精度所决定的估计数字。如温度计的最小分度为 1 ℃时，则其有效数字可取至 1 ℃以下一位数。如某温度可读至 20.6 ℃，最后一位数字是一位带有误差的估计数，其余数为准确数。有效数为 3 位，含有一位估计数。通常测量某一参数，一般均可估计到最小分度的十分位。估计误差不超过最小分度的±0.5，按此记录有效数据。

（2）有效数字及其表示

测量精度是通过有效数字的位数来表示的。有效数字的位数应是除定位用的"0"以外，余数位都是有效数字。有效数字定义为：一个含 $m$ 位的近似数（$m$ 从左起非 0 位开始），其中准确数值为 $n$ 位（$n<m$），取 $n+1$ 位的数值为该近似数的有效数。如 3.141 6 的有效数有 5 位，22.414 0 有六位，而 0.082 06 则只有 4 位有效数。30.00 也是只有 4 位有效数。对"0"

必须特别注意。在工程与科学工作中,为了表示清楚有效数字,采用科学记数法,在第一位有效数字后加小数点,而数值数量级用 10 的整数幂来表示。如 981 000 中,若有效数字为 4 位写成 $9.810 \times 10^5$,若只有两位有效数字,就写成 $9.8 \times 10^5$。

(3)有效数字的运算规则

①加减运算:在加减运算中,应取各数的小数位数与其中小数位最少者保持一致。例如 24.64,25.67,28.55,28.655,19.3 相加应写成:

$$24.6 + 25.7 + 28.6 + 28.6 + 19.3 = 126.8$$

②乘除运算:在乘除运算中各数保留位数,应与原来各数中有效数字位数最少的那个数一致。其积和商的有效数字具有相同的位数。例如 0.026 8,56.573,1.064 5 相乘则有:

$$0.026 8 \times 56.6 \times 1.06 = 1.607 892 8$$

但只应取其积为 1.61。

③对数运算:在对数运算中,其对数位数保持与真数有效数字位数一致。

④平均值计算:4 个或 4 个以上的数值计算平均值,其平均值有效数字位数可增加一位。

在计算有效数位数时,若计算过程有效数字的第一位大于或等于 8,则可考虑有效数字位数增加一位。

在有效数字的计算过程中,有效数字的取舍可按"四舍六入,遇五则偶舍奇入"的原则处理,即凡末位数有效数字后边的第一位数大于 5 则进位,小于 5 舍去不计,等于 5 时如前一位为奇数则进位,前一位为偶数则舍去。

例如:27.024 6      取四位得 27.02     (四舍)

27.024 6      取五位得 27.025     (六入)

27.025      取四位得 27.02     (偶舍)

27.035      取四位得 27.04     (奇入)

**2)实验数据的计算**

由于计算机的普遍应用,实验数据的计算处理,完全可以编制程序由计算机完成,但在编程之前或在编程运算之后,为了检查计算程序是否正确,必须掌握笔算的方法,而在没有条件使用计算机时仍要进行笔算,故在此将化工原理实验数据计算的要求及技巧作以说明。

①计算过程使用 SI(国际单位制)单位。注意有效数字,一般工程计算有效数字取 3 位,运算过程中可多保留一位不定数字。

②计算时应写出一组数据的完整计算过程,以便检查在计算方法和数字计算上有无错误。计算完一组数据后,就应该判断其结果是否合理,例如根据已有的流体力学知识,孔板流量计的孔流系数 $C_0$,一般为 0.6~0.8,如果计算结果为 0.035 或其他异常数字,首先应检查数据处理过程,发现问题及时纠正,可避免一错到底。如果是实验原因,可以重新实验测定。

③实验数据计算,按实验目的的要求归纳整理计算,由于实验数据较多,为了避免重复计算,减少计算错误,可以将计算式中可合并的常数加以合并,然后再逐一计算。例如流体阻力实验,计算 $Re$ 和 $\lambda$ 值,可按以下方法进行。

例如:$Re$ 的计算:

$$Re = \frac{du\rho}{\mu}$$

式中,管径 $d$,流体密度 $\rho$ 和黏度 $\mu$,在对同一物料、同一设备,在恒定温度条件下进行实验时均为定值,可合并为常数 $A = d\rho/\mu$,故有:

$$Re = Au$$

$A$ 值确定后,改变 $u$ 值可算出 $Re$ 值。

又例如:管内摩擦系数 $\lambda$ 值的计算,由直管阻力计算公式,

$$\Delta P = \frac{\lambda l \rho u^2}{2d}$$

得

$$\lambda = \frac{2d\Delta P}{lu^2\rho} = \frac{B'\Delta P}{u^2}$$

$$B' = \frac{2d}{l\rho}$$

## 3.3  实验数据的处理方法

实验数据处理,就是将实验测得的一系列数据,经过计算整理后,用最适宜的方式表示出来,在化工原理实验中,常用实验数据列表法、实验数据图示法和数学方程表示法 3 种形式表示。

### 3.3.1  实验数据列表法

将实验数据按照自变量因变量的关系,以一定顺序列出数据表,即为列表法。列表法有许多优点,如简单易作、数据易比较、形式紧凑、同一表格内可以表示几个变量间关系等。

实验数据列表可分为记录表和结果表两类。记录表是实验记录和实验数据初步整理的表格。表中数据可分为 3 类:原始数据、中间结果数据和最终结果数据。它是一种专门的表格,根据实验内容设计。例如流体阻力实验,原始数据需要记录流量,直管阻力测量时 U 形压力计的测量读数;中间结果计算流速,压降;最终计算流体的雷诺数 $Re$ 和摩擦系数 $\lambda$ 值等。实验综合结果表只反映变量之间的关系,表达实验最终结果。该表简明扼要,只包括研究变量的关系,如表达不同 $\varepsilon/d$ 条件下 $\lambda$ 与 $Re$ 的关系。

在设计使用实验数据表时,应注意以下几个问题:

①表格设计要力求简明扼要,一目了然,便于阅读和使用。记录、计算项目满足实验要求。

②表头应列出变量的名称、符号、单位。同时要层次清楚、顺序合理。

③记录数字应注意有效数字位数,要与测量仪表的精度相匹配。

④数字较大或较小时应采用科学计数法表示,阶数部分即 $10^{\pm n}$ 记录在表头。

用列表法表示实验数据,其变化规律和趋势不明显,不能满足进一步分析研究的需要。

如若用于计算机还需进一步处理,但列表法是图示法和数学方程表示法的基础。

### 3.3.2　实验数据图示法

用图形表示实验结果,可以明显地看出数据变化的规律和趋势,有利于分析讨论问题,利用图形表示还可以帮助选择函数的形式,是工程上常用的方法。作图过程应遵循一些基本要求,否则达不到预期结果,如对同一组数据,选择不同坐标系,则可得到不同的图形。若选择不适宜会导致错误结论。为保证图示法获得的曲线能正确地表示实验数据变量之间的关系,便于使用,在图形标绘上应注意以下几方面问题。

**1)坐标系的选择**

对同一组实验数据,应根据经验判断该实验结果应具有的函数形式,或由因变量与自变量变化规律及幅度的大小,选择适宜的坐标系。在适宜坐标系中可获得更简明、规律性更好的曲线。而常用坐标系有 3 种:普通直角坐标(笛卡儿坐标)、单对数坐标和双对数坐标。但本质上还都是直角坐标,仅是其分度方法不同。坐标选择可依以下两点原则。

(1)根据数据间的函数关系选择坐标

例如符合线性方程 $y=a+bx$ 关系的数据,选普通直角坐标,标绘可获得一条直线。符合 $y=ax^n$ 关系的数据,选普通直角坐标标绘是一条曲线。若选取双对数坐标标绘则可获得一条直线。由于直线的使用、处理都比较方便,所以总希望所选用的坐标能使数据标绘后得到直线形式。对于指数函数,如 $y=a^x$ 或 $b^y=ax$,则可选用单对数坐标,也可获得一直线关系。

(2)根据数据变化的大小选择坐标

如果实验数据的两个变量变化幅度较小,则应选择普通直角坐标。若数量级变化很大,一般是选用双对数坐标来表示。如果实验数据的两个变量,其中一个变量的数量级变化很大,而另一个变化较小,一般是使用单对数坐标表示。例如管内流体摩擦系数 $\lambda$ 与 $Re$ 数的关系,由于 $\lambda$ 的变化从 $0.008 \sim 0.1$,$Re$ 从 $10^2 \sim 10^8$ 变化,两个变量的数量级变化都很大,所以用双对数坐标表示。又如流量计实验测得孔流系数 $C_0$ 和 $Re$ 数的一组数据变化见表3.1。

表 3.1　孔板流量计实验结果

| $C_0$ | 0.660 | 0.652 | 0.635 | 0.550 | 0.55 | 0.55 |
|---|---|---|---|---|---|---|
| $Re$ | $5 \times 10^3$ | $10^4$ | $5 \times 10^4$ | $10^5$ | $5 \times 10^5$ | $10^6$ |

$C_0$ 变化甚小,$Re$ 数变化较大,所以选用单对数坐标表示比较合适。

**2)坐标纸的使用**

①标绘实验数据,应选适当大小的坐标纸,使其与图形匹配适宜并能正确表示实验数据大小和范围。

②按照使用的习惯,自变量取横轴,因变量取纵轴,按使用要求注明各轴代表的物理量和单位。

③根据标绘数据的大小,对坐标轴进行分度。一般分度原则是,分度的最小刻度应与实验数据的有效数保持一致。同时在刻度线上加注便于阅读的数字。

④坐标原点的选择,在一般情况下,对直角坐标原点不一定选为 0 点,应视标绘数据的

范围而定,其原点应移至较数据中最小者稍小数的位置为宜。而对数坐标,坐标轴刻度是按 $1,2,\cdots,10$ 的对数值大小划分的,每刻度仍标记真数值。当用坐标表示不同大小的数据时,其分度要遵循对数坐标规律,只可将各值乘以 $10^n$ 倍($n$ 取正、负整数),而不能任意划分。因此,坐标轴的原点,只能取对数坐标轴上规定的值作为原点,而不能任意确定。

⑤坐标轴的比例关系。坐标轴的比例关系是指横轴和纵轴每刻度表示的长度的比例关系。一般来说,正确地选用坐标轴比例关系,有助于正确判断两个量之间的函数关系。例如标绘层流摩擦系数关系式 $\lambda = 64/Re$,以 $\lambda$ 对 $Re$ 作图,在等比轴双对数坐标纸上是一条斜率 45°的直线,容易看出 $\lambda$ 与 $Re$ 指数关系为负一次方。若用不等比轴双对数坐标纸标绘,也绘得一条直线,但斜率不一定为 45°,不易看出 $\lambda$ 与 $Re$ 的函数关系。一般市售常用的坐标纸均为等比轴的对数坐标纸,不等比轴的坐标纸在教材上时有所见。

**3)实验数据的标绘**

将实验结果数据依次逐个标绘于选定的坐标中,获得大量的离散点;通过这些离散点绘制一光滑曲线,该曲线应穿过实验点密集区,使实验点尽可能接近该曲线,且均匀地分布于曲线的两侧。对于个别偏离曲线较远的点,应加以剔除,如图 3.1 所示。值得强调的是,若要绘制曲线,其实验点不能过少。对于多条曲线绘于同一坐标时,各曲线的实验点应以不同符号加以区别,如图 3.2 所示。由此可见,不同实验点所得曲线特征一目了然,为此也可用于选定实验数据函数关系的表达形式,以便进行函数关系式的回归。

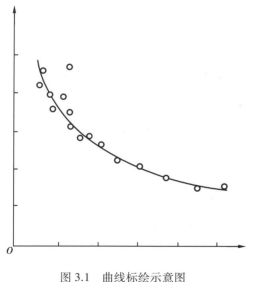

图 3.1　曲线标绘示意图

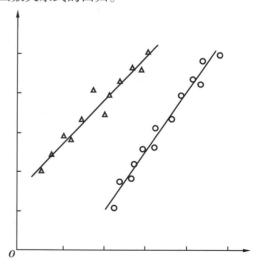

图 3.2　多组实验标绘示意图

### 3.3.3　数学方程表示法

采用列表、图示形式处理实验数据的方法,反映了自变量与变量间的对应关系,为工程应用提供了一定方便。但图示法由离散点绘制曲线时还存在一定随意性,而列表法尚不能连续表达其对应关系,若用于计算机还会带来更多的不便。而将实验数据结果表示为数学方程或经验公式的形式,显然可以避免上述不便,更易用于理论分析和研究,也便于积分和求导。下面介绍实验数据数学方程表示法。

将实验数据结果表示一方程形式的处理方法,首先应针对数据相互关系的特点选择一种适宜函数的形式,然后用图解或数值方法确定函数式中的各种常数,该式是否能准确地反映实验数据存在的关系,最后还应通过检验加以确认,所得的函数表达式才能使用。

一般来说,实验数据处理用方程表示,有两种情况,一种是对研究问题有深入的了解,可写出准确函数的关系,具体方程中的常数系数是通过实验确定的。另一种是对实验数据的函数形式未知,为了用方程表示,通常将实验数据绘成图形,参考一些已知数学函数的图形,选择一种适宜的函数。选择的原则是,既要求形式简单,所含常数较少,同时也希望能准确地表达实验数据之间的关系。这两者常常是相互矛盾的,在保证必要准确度的前提下,尽可能选择简单的线性关系。以下是几种典型函数形式及其图形:

①线性函数。

②幂函数。

③指数函数。

④双曲线函数。

⑤其他函数。

⑥含三参数的函数。

函数形式多种多样,在此不一一列举。从以上列举函数形式可见,只要经过适当转换,均可化为线性关系,使数据处理工作得到简化。例如,流体在圆形直管内作强制湍流的实验研究,其传热过程的 $Nu$ 数与 $Re$ 及 $Pr$ 关系,可选择幂函数形式:

$$Nu = BRe^m Pr^n$$

然后通过大量的实验数据,确定方程式中各种常数:$B = 0.023$;$m = 0.8$;$n = 0.3 \sim 0.4$,于是得目前运用最广泛的对流传热公式:

$$Nu = 0.023 Re^{0.8} Pr^n$$

当待处理的实验数据所具有的函数形式选定之后,则可运用以下图解法以及一些数值方法来确定函数式中各常数。

图解方法仅限于具有线性关系或能通过转换成为线性关系的函数式常数的求解,是一种简单易行、容易掌握、准确度较好的方法。首先选定坐标系,将实验数据在图上标绘描线,在图中直线上选取适当点的数据,求解直线截距和斜率,进而确定线性方程的各常数。

在作图过程中会发现,由于实验不可避免地存在着误差,实验点总是有一定的分散性,通过一些离散的点,画出一条直线,任意性较大,会影响实验结果的准确性,如果坐标纸选择得比较小,分度又较粗,作图、读数同样带有误差,也会影响结果的准确。显然图解法也会受到上述误差的影响,未能完全克服列表及图示法的不足。为了减少上述误差,采用数值方法处理。选点法是一种比较简单的方法,在处理数据要求不高时可以采用。比较准确的方法是采用最小二乘法等数值方法处理实验数据。

选点法也称联立方程法,此法适用于实验数据要求精度很高的条件下。否则所得函数式将毫无意义。具体步骤是:

①选择适宜经验公式形式,即

$$y = f(x)$$

②建立待定常数方程组。若选定经验公式形式为：

$$y = a + bx$$

则从实验数据中选出两个实验点数据$(x_1, y_1), (x_2, y_2)$代入式中。

③联立求解以上方程，即可解得常数$a, b$。若选定公式有$k$个待定常数，显然，则应选取$k$点$(x_i, y_i)i = 1, 2, \cdots, k$，代入原函数式获得方程组，求解方程组以确定各常数。由于在实验测试中其数据难免存在一定的随机误差。故选取的数据点不同，所得结果也必然存在较大差异，可见此法在实验数据精确度不高的情况下不可使用。实际上，对函数关系比较复杂，待定常数较多的情况下，即使实验数据比较精确，采用此法求解难度较大也不宜选用。

# 第**4**章
# 化工工艺参数测量及常用仪表

## 4.1 温度测量

温度是化工实验和生产中需要测量和控制的重要参数,如反应器的反应温度、精馏操作中可通过塔板温度检测产品质量和塔内操作状况等。温度是表征物体冷热程度的物理量。温度只能通过物体随温度变化的某些特性来间接测量。温度测量仪表按测温方式可分为接触式与非接触式。接触式分为膨胀式(双金属温度计等)、压力式、热电偶与热电阻;非接触式测温仪表分为辐射式与红外线式。由于化工生产和化工实验中应用较多的主要是热电偶与热电阻两种,本节将重点介绍热电偶和热电阻两种仪表。

### 4.1.1 热电偶

将两种不同导体或半导体 $A$ 和 $B$ 焊接起来构成一个闭合回路,当导体 $A$ 和 $B$ 的两个接点之间存在温差时,两者之间便产生电动势,因而在回路中形成一定大小的电流,这种现象称为热电效应。热电偶就是利用这一效应工作的。

热电偶的热电特性由电极材料的化学成分和物理特性所决定。热电势的大小与组成热电偶的材料及两端温度有关,与热电偶丝的粗细和长短无关。热电偶的测量温度较高,量程较大,适宜在振动大的场合使用。

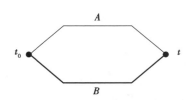

图 4.1 热电偶示意图

常用热电偶可分为标准与非标准两大类,我国标准热电偶分为 7 种,其分度号分别 S(铂铑 10—铂)、B(铂铑 90—铂铑 6)、E(镍铬—康铜)、K(镍铬—镍硅)、R(铂铑 13—铂)、J(铁—康铜)、T(铜—康铜)。

由于热电偶材料一般都比较贵重,而测温点到仪表的距离都很远,为了节省热电偶材料,降低成本,通常采用补偿导线把热电偶的冷端(自由端)延伸到温度比较稳定的控制室内。在使用热电偶的补偿导线时必须注意型号相配,极性不能接反,补偿导线与热电偶连接端的温度不能超过 100 ℃。

热电偶温度计具有性能稳定、结构简单、使用方便、测温范围广、精度高、热惯性小等优点,且能方便地将温度信号转换成信号,便于信号的远传和多点集中测量,如果将热电偶与自动检测仪表和打印记录仪表相连,就能实现温度的控制、显示和记录,故应用十分广泛。一般而言,热电偶适用于测量 500 ℃ 以上的较高温度。当温度在 500 ℃ 以下的中、低温时,热电偶的热电动势往往很小,对电位差计的放大器和抗干扰措施要求提高,而且在较低温度区域时冷端的温度变化和环境温度变化所引起的测量误差增大,很难得到完全补偿。

### 4.1.2　热电阻

热电阻测温是基于金属导体的电阻值随温度的变化而变化这一特性来进行温度测量的。热电阻温度计由热电阻感温元件、连接导线和二次显示仪表三部分所组成。热电阻大都由纯金属材料制成。热电阻测量温度较低,量程较小,在测温精度要求较高、无剧烈振动、测量温差等场合宜选用热电阻。

目前应用最多的是铂(Pt100)、铜(Cu50)和半导体热电阻 3 种。铂电阻感温元件的特点是测量精度高、性能稳定,使用范围为 $-259 \sim 630$ ℃。铂电阻(Pt100)在 0 ℃ 时其电阻值为 100 Ω。化工原理实验室的实验装置大多采用 Pt100 电阻测温,由 AI 智能仪表变送和显示,并向计算机传送数据。

铜电阻感温元件的测量范围狭窄,物理、化学稳定性不及铂电阻,但价格便宜,并且测温范围为 $-50 \sim 150$ ℃,电阻值与温度的线性关系好,铜电阻(Cu50)在 0 ℃ 时其电阻值为 50 Ω,因此应用比较普遍。

热电阻温度计具有结构简单、性能稳定、测量范围宽、精度高、使用方便等特点,将热电阻与二次仪表配套使用,还可以远传、显示、记录和控制液体、气体、蒸汽等介质及固体表面的温度。但由于其热容量较大,因而热惯性较大,限制了其在动态测量中的应用。热电阻已成为工业上广泛应用的感温元件。

## 4.2　压力测量

压力即物理概念中的压强,即垂直作用在单位面积上的力。在化工生产和化工实验中,操作压力是一个非常重要的参数。根据测量基准不同,可分为绝对压力、表压、真空度。压力表主要用于测定表压或真空度,也可用于压力差的测量。

压力检测仪表种类繁多,按压力测量原理可分为液柱式、弹性式、电阻式、电容式、电感式和振频式等。下面对化工原理实验设备和化工生产中常用的现场压力表以及智能压力变送器做简单介绍。

### 4.2.1　现场压力表

现场压力表主要为弹簧管压力表。其原理为将外部压力转换为压力表内弹簧的形变来反映。在选择与使用上应注意以下几点。

①量程选择:根据被测压力的大小确定仪表量程。对于弹性式压力表,在测稳定压力时,最大压力值应不超过满量程的 3/4;测波动压力时,最大压力值应不超过满量程的 2/3。最低测量压力值不低于满量程的 1/3。

②精度选择:根据生产允许的最大测量误差,以经济、实用原则确定仪表的精度等级。一般工业用压力表 1.5 级或 2.5 级已足够。

③使用环境及介质性能的考虑:环境条件恶劣,如高温、腐蚀、潮湿、振动等;被测介质的性能,如温度的高低、腐蚀性、易结晶、易燃、易爆等,以此来确定压力表的种类和型号。

④压力表外形尺寸选择:现场就地指示的压力表一般表面直径为 $\phi 100$ mm,在标准较高或照明条件差的场合用表面直径为 $\phi 200 \sim 250$ mm 的,盘装压力表直径为 $\phi 150$ mm,或用矩形压力表。

新上压力表应送专业部门校验合格并贴上合格证后才能投入使用,使用过程中发现合格证脱落,要及时送专业部门校验,补贴合格证。使用过程中应保持压力表整洁,表面玻璃及外壳等附件完好。对检验周期超过一年的压力表应及时送检。保证压力表(包括点节点压力表)取样管畅通。如果引压管堵塞、弹簧失去弹性、压力表内部部件腐蚀,将会导致压力表指示不准。

### 4.2.2　智能压力变送器

工业上使用的智能压力变送器主要有电容式以及硅谐振式两种,其测量示意如图 4.2 所示。

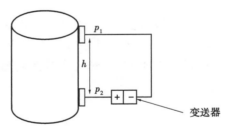

图 4.2　智能压力变送器测量示意图

电容式压力变送器(如美国 Rosemount 公司 1151SMART 型智能变送器)检测环节将被测压力的变化转换成电容量的变化;变送环节则将电容量的变化转换为标准电流信号 4～20 mA DC 输出。

硅谐振式压力变送器(如日本横河公司 EJA 系列智能变送器)其内部有两个 H 型的谐振梁,而其所处在硅片上的位置不同,当硅片受到压力作用时两个谐振梁所产生的应力不同使它们的谐振固有频率发生变化,将测量得到的两个谐振梁的频率之差转换为标准电流信号 4～20 mA DC 输出,即测得介质的压力或压差。

变送器引压管容易漏或堵。安装时应安装排污阀,定期排污;易结晶的介质应注意保温或伴热。

## 4.3 物位测量

生产过程中,罐、塔、槽等容器中存放的液体表面位置称为液位;料斗、堆场仓库等储存的固体块、颗粒、粉料等的堆积高度和表面位置称为料位;两种互不相溶的物质的界面位置称为界位。液位、料位以及界位总称为物位。使用的物位检测仪表主要有硅谐振式智能差压变送器、电容式液位计以及放射性物位计。

### 4.3.1 智能差压变送器

智能差压变送器测物位是利用检测两个被测面之间的差压来测量物位。智能差压变送器分为普通智能差压变送器与双法兰式智能差压变送器。差压式液位计是利用容器内的液位改变时,液柱产生的静压也相应变化的原理而工作,如图 4.3 所示。

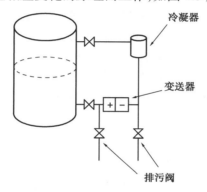

图 4.3 智能差压变送器液位测量示意图

### 4.3.2 电容式物位计

电容式物位计是一种电学式物位检测方法,直接将物位变化量转换成电容变化量,然后再变换成统一的标准电信号输出。

### 4.3.3 放射性物位计

不同的物体对同位素释放的射线的穿透与吸收能力是不同的,利用物体对放射性同位素射线的吸收作用来检测物位的仪表称为放射性物位计。当料位高度低于放射源的位置时,射线粒子大部分通过气体介质到达探测器,即接收射线强度为最大值(零位);如料位上升到超过检测器的高度时,大部分射线粒子被容器中的物料所吸收而探测器测得的粒子数很少,即接收射线强度为最小值(满量程)。所以从探测器测得的粒子数的多少便可知容器中的物料有多高。指示仪把测得的粒子数进行转换、功率放大成标准电信号输出。

# 4.4 流量测量

流量指单位时间内流体(气体、液体或固体颗粒等)流经管道或设备某处横截面的数量,又称瞬时流量。根据流体的量不同有体积流量 $Q$、质量流量 $\omega$ 等。当流体以体积表示时称为体积流量;当流体以质量表示时称为质量流量。一般以体积流量描述的流量计,其指示刻度都是以水或空气介质,在标准状况下标定的,若实际使用条件和标定条件不符合,需要对流量计进行校正或现场重新标定。

工业和实验室常用的流量测量仪表种类繁多,测量流量的方法也有很多,常用流量计有差压式流量计、转子流量计、湿式流量计、涡轮流量计、电磁流量计和质量流量计。

## 4.4.1 差压式流量计

差压式流量计是流体流过通管道中的阻力件时产生的压力差与流量之间有确定关系,通过测量压差值求得流量。差压式流量计由测件、压差转换或流量显示仪表组成。通常以检测件形式对差压式流量计分类,如孔板流量计(图 4.4)、文丘里流量计、均速管流量计等。差压式流量计是一类应用最广泛的流量计。

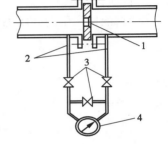

图 4.4　孔板流量计测量示意图
1—节流元件;2—引压管路;
3—三阀组;4—压差仪表

质量流量:
$$q_v = \alpha \varepsilon \frac{\pi}{4} d^2 \sqrt{\frac{2}{\rho} \Delta p} \qquad (4.1)$$

体积流量:
$$q_m = \alpha \varepsilon \frac{\pi}{4} d^2 \sqrt{2\rho \Delta p} \qquad (4.2)$$

式中　$\rho$——流体密度,$g/cm^3$;

　　　$\varepsilon$——流量系数,无量纲;

　　　$\alpha$——流速膨胀系数,无量纲;

　　　$\Delta p$——节流元件前后差压,Pa;

　　　$d$——孔板开孔直径,m。

差压式流量计具有结构牢固,性能稳定可靠,使用寿命长;应用范围广泛;检测件与变送器、显示仪表分别由不同厂家生产,便于规模经济生产等优点。但是其测量精度普遍偏低;流量测量范围窄,现场安装条件要求高;压损大(指孔板、喷嘴等)。

## 4.4.2 转子流量计

转子流量计是通过改变流通面积的方法测量流量,在一根由下向上扩大的垂直锥管中,圆形横截面转子的重力是由液体动力承受的,从而使转子可以在锥管内自由地上升和下降。转子流量计是应用范围较广的一类流量计。

转子流量计结构简单,使用方便,缺点是耐压力低,玻璃管容易破碎;适用于小管径和低流速;压力损失较低。

### 4.4.3　容积式流量计

容积式流量计,又称定排量流量计,在流量仪表中是精度最高的一类。它利用机械测量元件把流体连续不断地分割成单个已知的体积部分,根据测量室逐次重复地充满和排放该体积部分流体的次数来测量流体体积总量。

容积式流量计按其测量元件分类,可分为椭圆齿轮流量计、刮板流量计、双转子流量计、旋转活塞流量计、往复活塞流量计、圆盘流量计、液封转筒式流量计、湿式气量计及膜式气量计等。

优点:计量精度高;安装管道条件对计量精度没有影响;可用于高黏度液体的测量;范围宽;直读式仪表无须外部能源可直接获得累计,总量清晰明了,操作简便。

缺点:结构复杂,体积庞大;被测介质种类、口径、介质工作状态局限性较大;不适用于高、低温场合;大部分仪表只适用于洁净单相流体;产生噪声及振动。

### 4.4.4　涡轮流量计

涡轮流量计是速度式流量计中的主要种类,涡轮叶片因流体流动冲击而旋转,其旋转速度随流体流量的变化而变化,测出涡轮的转数或转速,就可以确定流过管道的流量。涡轮转速一般可通过适当装置转换成电压或电流输出,最终测出流体的流量。在使用涡轮流量计时应加装过滤器,保持流体的洁净,减少磨损,并防止涡轮被卡住。在安装涡轮流量计时,必须保证变送器的前后有一定的直管段,使流线比较稳定。

涡轮流量计在所有流量计中,属于最精确的流量计;重复性好;耐高压、体积小,质量轻,压力损失小,抗干扰能力好;范围宽;结构紧凑。在石油、化工、冶金等行业中具有广泛的使用价值。

### 4.4.5　电磁流量计

电磁流量计是根据法拉第电磁感应定律制成的一种测量导电性液体的仪表。

电磁流量计有一系列优良特性,可以解决其他流量计不易应用的问题,如脏污流、腐蚀流的测量。

优点:测量通道是一段光滑直管,不会阻塞,适用于测量含固体颗粒的液固二相流体,如纸浆、泥浆、污水等;不产生流量检测所造成的压力损失,节能效果好;所测得体积流量实际上不受流体密度、黏度、温度、压力和电导率变化的明显影响;流量范围大,口径范围宽;可应用腐蚀性流体。

缺点:不能测量电导率很低的液体,如石油制品;不能测量气体、蒸汽和含有较大气泡的液体;不能用于较高温度。

### 4.4.6　流量计的检验和标定

能够正确地使用流量计,才能得到准确的流量测量值。应该充分了解流量计的构造和特性,采用与其相应的方法进行测量,同时还要注意使用中的维护管理,每隔一段时间要标定一次。当遇到以下几种情况时,应考虑对流量计进行标定:

①长时间未使用。

②进行高精度测量时。

③对测量值产生怀疑时。

④当被测流量特性不符合流量计标定用的流体特性时。

标定液体流量计的方法可按校验装置中标准器的形式分为容器式称重式、标准体积管式和标准流量计式等。

标定气体流量计的方法和标定液体流量计的方法一样。但在标定气体流量计时,需特别注意被测气体的温度、压力、湿度,以及在测量中气体性质是否会发生变化等。

## 4.5 气相色谱仪

### 4.5.1 概述

气相色谱仪是将分析样品(气体和液体)在进样口注入后气化,由载气带入色谱柱,通过对欲检测混合物中组分有不同保留性能的色谱柱,使各组分分离,随后依次导入检测器,以得到各组分的检测信号。按照导入检测器的先后次序,经过对比可以区别出是什么组分,根据峰高度或峰面积可以计算出各组分含量。

气相色谱一般由载气钢瓶和气路、进样部件、色谱柱、检测器和温度控制系统组成。钢瓶将氮气或氢气等载气连续地供给色谱柱,仪器采用稳流调节器精密地调节气流量使之不受柱温影响,保持恒定。载气依次流经进样部件、色谱柱及检测器,这三者分别用独立的温度调节器控制温度。进样部件和检测器在分析过程中一直保持恒温,柱室则可按照一定的程序升温,以缩短宽沸程混合物的分析时间,并改善分离效果,这种升温法是气相色谱中的一种重要方法。用微量注射器直接将 0.1~4 μL 液体样品或溶于低沸点溶剂的固体样品注入已加热的进样部件,样品将在瞬间汽化,并被载气输送到色谱柱。

色道柱为不锈钢管或玻璃管,内部均匀填充用 1%~30% 高沸点固定液浸渍的硅藻土,或者氧化硅、分子筛、活性炭和氧化铝等吸附剂。前一种色谱柱中以分配力、后一种以吸附力保留样品组分。因为保留能力不同,各组分在柱内移动速度不同而互相分离。分离后的组分被检测器检测出来,并转换成与它们在载气中的浓度相对应的输出信号,记录或者显示。测量从注入样品到检出组分的时间进行定性分析,测量相应峰面积进行定量分析。

气相色谱常用的检测器有:

①热导检测器(TCD),对有机物或无机物样品都适用。

②氢焰离子化检测器(FID),对无机物没有响应,对有机物具有高灵敏度。

③电子捕获检测器(ECD),适用于卤代烃等电负性大的物质,是高灵敏度的选择性检测器,用于多氯联苯及卤代烃基汞的微量分析。

④碱金属盐热离子化检测器(TID),对含有氮或磷的物质具有高灵敏度。

⑤火焰光度检测器(FPD),在还原性氢焰中,可高灵敏度、选择性地检测含硫化合物(394 nm)或含磷化合物(526 nm)发出的光。

因为流动相为气体,故气相色谱法具有很多优点。

①色谱柱内现象单一,容易从理论上解释物质传递过程。

②气体黏度小,可通过增加色谱柱长度来改善分离能力。

③容易制备具有高分离能力的色谱柱,使用寿命长。

④如果用非极性柱,组分将按沸点顺序流出。因此在分配气相色谱法中,若已知化合物则可预测出峰顺序。

⑤样品组分在固定相和流动相中易于扩散,能迅速达到分配平衡,故可提高流动相流速以缩短分析时间。

⑥能使用各种高灵敏度检测器进行微量分析和特定组分的选择性检测。

⑦使用通用型检测器时,可预测注入样品在多大程度上能作为色谱峰流出并被检测,分析可信度高。精度要求不高时,可以把峰面积百分数近似作为组成百分数,进行快速定量分析。

⑧便于和质谱仪或傅里叶红外分光光度计联用,进行混合物的分离和鉴定。

但也因为流动相为气相,故气相色谱法适用范围窄,而且用选择性检测器进行微量折时样品必须经前处理以除去干扰组分。气相色谱仪因具有取样量少效能高、分析速度快、定量结果准确等优点被广泛地应用于石油、化工、冶金、环境等各领域。

### 4.5.2　气相色谱仪操作规程

#### 1)接柱子

毛细柱有柱前和柱后,把毛细柱固定在柱室中间支架上,接上柱子后(左端接第三个接口即汽化Ⅱ,长 4~6 cm,右端接第一个接口即检测器Ⅰ,长 6~8 cm),把柱头压调到0.04 MPa,用肥皂水检漏。同时调节分流和吹扫(分流 40~60 mL/min、吹扫 3~8 mL/min)。

#### 2)先通气

①打开氮气钢瓶总阀,调节减压阀使输出压力为 0.4 MPa 左右。仪器上柱头压的压力为 0.04 MPa,尾吹的压力为 0.05 MPa。

②打开氢气钢瓶总阀,调节减压阀使输出压力为 0.24 MPa 左右,仪器上氢气Ⅱ的压力为 0.02 MPa。

③打开空气钢瓶总阀,调节减压阀使输出压力为 0.4 MPa 左右。仪器上空气Ⅰ的压力为 0.024 MPa。

#### 3)再通电

打开仪器电源总开关。仪器自检完成后自然启动。此时可设置汽化Ⅱ,检测Ⅰ及柱室使用温度。具体设置如下:

按汽化Ⅱ,按输入键选择光标到目标温度,依次按下 2,2,0,再按输入键,设定检测Ⅰ温度为 220 ℃;设定柱室温度为 180 ℃,方法同汽化Ⅱ。

温度恒定后可以激活铷珠,具体方法为:打开铷珠加热器的电源开关;先将氢气Ⅱ压力调至 0.05 MPa,通过电流调节旋钮逐渐加大铷珠电流,当听到爆鸣声,看到铷珠已红时,再逐渐减小电流值和氢气Ⅱ压力,电流一般为 3.5 A,氢气Ⅱ压力一般为 0.02 MPa,铷珠以暗红色为佳。

**4)做样分析**

①打开计算机,进入在线工作站,选择通道Ⅰ,点击数据采集,打开相应的方法文件,点击查看基线按钮,观察基线是否平直,待基线平直后进样分析。

②用进样器准确吸取 1 μL 待分析样品,注入汽化室Ⅱ(毛细柱专用进样口),同时点击采集数据,待样品分析完成后,点击停止采集。该图谱和数据自动保存在相应的路径中。

**5)关机步骤**

①先把铷珠集热器的电流调节到最小,然后关掉其电源。

②把柱室温度设置为 20 ℃,让柱室快速降温。

③待柱室降到 50 ℃以下时,关掉仪器电源。

④关掉氢气和空气钢瓶总阀,最后关掉氮气钢瓶总阀。

**6)柱子的老化**

柱子使用的时间久了或长期未使用,需要把柱子老化一下,方法如下:把柱室温度升高到 210 ℃(不能超过柱子的最高使用温度),其他温度条件不变,持续 3~4 h 即可。

### 4.5.3  注意事项

正确的维护仪器不仅能够使仪器始终处于正常的工作状态,而且能够延长仪器的使用寿命。使用维护仪器时应注意以下几点:

①气体钢瓶总压力不得低于 2 MPa。

②必须严格检漏。

③严格按照操作规程进行工作,严禁油污,有机物及其他物质进入检测器及气路管道,避免造成管道堵塞。

④严禁柱温超过色谱柱最高使用温度,避免造成固定液流失,损坏色谱柱并污染检测器。

⑤仪器开机时必须先通载气,然后才能开机升温。

⑥使用 FID 检测器时,必须待检测器温度超过 100 ℃后才能点火,避免检测器积水。

⑦仪器关机时,必须先关闭氢气,再进行降温,最后关闭载气。

# 4.6  阿贝折光仪

阿贝折光仪是根据不同浓度的液体具有不同的折射光率的原理设计而成,利用光线测试液体浓度的仪器,它是能测定透明、半透明的液体或固体的折射率。使用时配以恒温水浴,其测量温度范围为 0~70 ℃。折射率是物质的重要光学性质之一,通常能根据其了解物质的光学性能、纯度或浓度参数,故阿贝折光仪已广泛应用于石油工业、油脂工业、制药工业、制漆工业、日用化学工业、制糖工业和地质勘察等,是学校及有关科研单位不可缺少的常用设备之一。

### 4.6.1 工作原理

折光仪的基本原理即为折射定律:若光线从光密介质进入光疏介质,入射角小于折射角,改变入射角可以使折射达到90°,此时的入射角称为临界角,仪器测定折射率就是基于测定临界角的原理。

光与物质相互作用可以产生各种光学现象(如光的折射、反射、散射、透射、吸收、旋光以及物质受激辐射等),通过分析研究这些光学现象,可以提供原子、分子及晶体结构等方面的大量信息。所以,不论在物质的成分分析、结构测定及光化学反应等方面,都离不开光学测量。

折射率是物质的重要物理常数之一,许多纯物质都具有一定的折射率,如果其中含有杂质则折射率将发生变化,出现偏差,杂质越多,偏差越大。因此通过折射率的测定,可以测定物质的浓度。

在实际测量折射率时,我们使用的入射光不是单色光,而是使用由多种单色光组成的普通白光,因不同波长的光的折射率不同而产生色散,在目镜中看到一条彩色的光带,而没有清晰的明暗分界线,为此,在阿贝折光仪中安装了一套消色散棱镜。

阿贝折光仪根据其度数方式大致可以分为3类:单目镜式、双目镜式及数字式。虽然读数方式存在差异,但其原理及光学结构基本相同,此处仅以单目镜式为例加以说明。

### 4.6.2 阿贝折光仪的使用

阿贝折光仪如图4.5所示。

①仪器安装:将阿贝折光仪置于明亮处,但应避免阳光的直接照射,由超级恒温槽向棱镜夹套内通入所需温度的恒温水,检查插于夹套中的温度计的读数是否符合要求。

②加样:转动辅助棱镜上的锁钮,向下打开辅助棱镜,用少量丙酮清洗镜面,并用擦镜纸将镜面擦拭干净。待镜面清洗干净后,用滴管将数滴待测试样滴于辅助棱镜的磨砂镜面上,迅速闭合之,并旋上锁钮,当测定挥发性很大的样品时,可在合上辅助棱镜后再由棱镜的加液槽滴入试样,然后旋紧锁钮。

③对光:转动手柄,使刻度盘标尺上的示值为最小,于是调节发射镜,使入射光进入棱镜组,从测量望远镜中观察,使视场最亮,调节目镜,使视场准丝最清晰。

④粗调:转动手柄,使刻度盘上的示值逐渐增大,直至观察到视场中出现彩色光带或黑白分界线为止。

⑤消色散:由于光的散射,在明暗交界线处往往会出现彩色光,转动消色散手柄,可消除色散而使临界线明暗清晰。

⑥精调:再仔细转动转轴手柄,使临界线正好与 X 型标准的交叉点相交。

⑦读数:从读数望远镜(放大镜)中读出刻度盘上液体折射率数值,在通常所用的 WYA

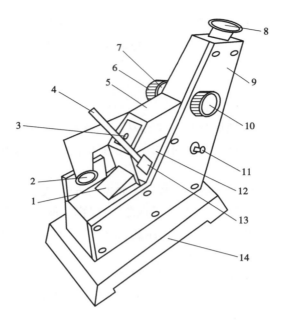

图 4.5　阿贝折光仪外形图

1—反射镜;2—转轴;3—遮光板;4—温度计;5—进光棱镜座;6—消色调节手轮;7—色散值刻度盘;
8—目镜;9—盖板;10—锁紧轮;11—聚光灯;12—折射棱镜座;13—温度计座;14—底座

型阿贝折光仪上所得数值应精确至小数点后面第四位。为了使读数准确,一般应将试样重复测量3次,每次相差不能超过0.000 2,然后取平均值,此时,从视镜中读数得到的数据即为折射率。

⑧测量完毕后,打开棱镜,并用擦镜纸擦拭镜面。

### 4.6.3　阿贝折光仪维护与注意事项

阿贝折光仪是一种精密的光学仪器,为了确保仪器的精度,防止损坏,在使用和维护保养时应注意:

①仪器应置于干燥、空气流通的室内,以免光学零件受潮后生霉。

②使用时要注意保护棱镜,清洗时只能用擦镜纸而不能用滤纸等。加试样时不能将滴管口触及镜面。对于酸碱等腐蚀性液体不得使用阿贝折光仪。

③每次测定时,试样不可加得太多,一般只需加2~3滴即可。

④要注意保持仪器清洁,保护刻度盘。每次实验完毕,要在镜面上加几滴丙酮,并用擦镜纸擦干。最后用两层擦镜纸夹在两棱镜镜面之间,以免镜面损坏。

⑤读数时,有时在目镜中观察不到清晰的明暗分界线,而是畸形的,这是由于棱镜间未充满液体;若出现弧形光环,则可能是由于光线未经过棱镜而直接照射到聚光透镜上。

⑥若待测试样折射率不在1.3~1.7范围内,则阿贝折光仪不能测定,也看不到明暗分界线。

⑦被测试样中不应有硬性杂质,当测试固体试样时,应防止把折射棱镜表面拉毛或产生压痕。

⑧经常保持仪器清洁,严禁油手或汗手触及光学零件,若光学零件表面有灰尘可用高级鹿皮或长纤维的脱脂棉轻擦后用皮吹吹去。如光学零件表面沾上油垢后应及时用酒精乙醚混合液擦拭干净。

⑨仪器应避免强烈振动或撞击,以防止零件损伤及影响精度。

### 4.6.4　阿贝折光仪校正

阿贝折光仪的刻度盘的标尺零点有时会发生移动,须加以校正。校正的方法一般是用已知折射率的标准液体,常用纯水。通过仪器测定纯水的折光率,读取数值,如同该条件下纯水的标准折光率不符,调整刻度盘上的数值,直至相符为止。样品为标准块时,测数要符合标准块上所标定的数据,也可用仪器出厂时配备的折光玻璃来校正,具体方法一般在仪器说明书中有详细介绍。

# 第 **5** 章

# 化工原理基础实验

## 5.1 流体阻力实验

### 5.1.1 实验任务与目的

①通过观察组成管路的各种管件、阀门、流量计,了解其用途,建立化工设备的工程化概念。

②测定流体在管内流动时的摩擦阻力系数及突然扩大管和阀门的局部阻力系数 $\xi$。

③测定层流管的摩擦阻力系数 $\lambda$,验证 $\lambda$—$Re$ 关系。

④验证湍流区内摩擦阻力系数 $\lambda$ 与雷诺数 $Re$ 和相对粗糙度之间的关系。

⑤将所得光滑管的 $\lambda$—$Re$ 关系与柏拉修斯方程做比较。

### 5.1.2 实验基本原理

不可压缩流体通过由直管、阀门、管件等组成的管路系统时,由于流体的黏性作用和涡流影响产生摩擦阻力,会损失一定的机械能。流体流经直管时所造成的机械能损失称为直管阻力损失。流体通过管件、阀门等处时,流体的运动速度和方向都会发生变化,流动受到干扰、冲击或引起边界层分离,产生旋涡并加剧湍动所引起的机械能损失称为局部阻力损失。影响流体阻力损失的因素众多,目前还不能完全用理论的方法来解决流体阻力的计算问题,必须通过实验研究来掌握其规律。

#### 1)直管阻力摩擦系数 $\lambda$ 的测定

流体在水平直管中流动时,流体阻力的大小与管长、管径、流体流速和管道摩擦系数有关,它们之间存在如下关系:

$$h_f = \frac{\Delta P_f}{\rho} = \lambda \, \frac{l}{d} \times \frac{u^2}{2} \tag{5.1}$$

由式(5.1)得:

$$\lambda = \frac{2d}{\rho l} \times \frac{\Delta P_f}{u^2} \tag{5.2}$$

又

$$Re = \frac{du\rho}{\mu} \tag{5.3}$$

式中　$d$——管径,m;

　　　$\Delta P_f$——直管阻力引起的压降,Pa;

　　　$l$——管长,m;

　　　$\rho$——流体密度,kg/m$^3$;

　　　$u$——平均流速,m/s;

　　　$\mu$——流体的黏度,(N·s)/m$^2$。

由式(5.2)可计算出不同流速下的直管摩擦系数 $\lambda$,用式(5.3)计算对应的 $Re$,从而整理出直管摩擦系数 $\lambda$ 和雷诺数 $Re$ 的关系,在双对数坐标中绘出 $\lambda$ 和 $Re$ 的关系曲线。

**2)局部阻力系数 $\xi$ 的测定**

局部阻力损失通常有两种表示方法,即当量长度法和阻力系数法。流体通过某一管件或阀门时所引起的压强可用局部阻力计算公式表示:

$$h_f = \frac{\Delta P_f}{\rho} = \xi \, \frac{u^2}{2} \tag{5.4}$$

式中　$\xi$——局部阻力系数,无量纲;

　　　$\Delta P_f$——直管阻力引起的压降,Pa;

　　　$h_f$——局部阻力引起的能量损失,J/kg。

### 5.1.3　实验装置及流程

**1)实验装置示意图**

本实验装置如图 5.1 所示,管道水平安装,实验物料为自来水,循环使用。

**2)实验装置流程**

本实验装置主要由循环水箱、离心泵、粗糙管、光滑管、阀门、管件及配套测量仪表组成。将离心泵启动后,循环水箱的流体经过流量计、光滑管、粗糙管、闸阀后返回循环水箱,重复利用。

**3)实验设备与仪表**

流体阻力实验设备主要技术参数见表 5.1。

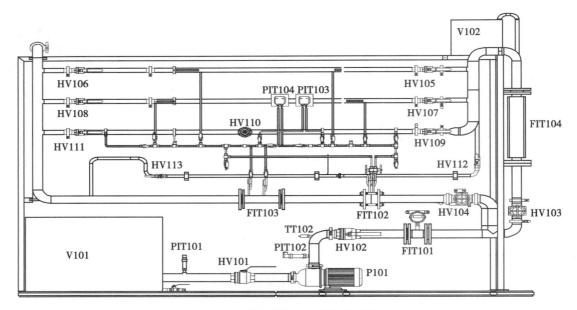

图 5.1  流体阻力实验装置示意图

表 5.1  流体阻力实验设备主要技术参数

| 位　号 | 名　称 | 主要技术参数 |
|---|---|---|
| V101 | 循环水箱 | 800 mm×800 mm×600 mm,体积 320 L |
| P101 | 离心泵 | CHL8-20,0.75 kW/380 V,扬程 0~20 m,<br>轴功率:0.43~0.85 kW,效率:0~60%,转速:0~2 900 r/min |
| PIT101<br>PIT102 | 压力变送器 | 差压变送器,−0.1~0.1 MPa<br>差压变送器,0~0.3 MPa |
| PIT103 | 差压变送器 | 小型压差传感器,量程 0~100 kPa |
| PIT104 | 差压变送器 | 小型压差传感器,量程 0~10 kPa |
| FIT101 | 电磁流量计 | DN50 电磁流量计 |
| FIT104 | 转子流量计 | LZB-50,最大流量 6 m³/h |
| HV110 | 闸阀 | DN25 |
| HV105 至 HV106 的管路为光滑管 | | 管径 $d$＝25 mm,管长 $l$＝980 mm |
| HV107 至 HV108 的管路为粗糙管 | | 管径 $d$＝25 mm,管长 $l$＝980 mm |

### 5.1.4　实验方法及步骤

①熟悉实验装置及流程:观察与熟悉各部位的测量仪表,首先按下设备控制柜绿色按钮,启动电源,然后将水箱底部的根部阀关闭,打开自来水给水阀,将水箱液位上涨至容量的80%左右,同时关闭装置其他所有阀门。

②启泵:水箱液位达标后,打开离心泵进口阀 HV101 让流体进入泵内排除泵内气体。旋转离心泵电源开关启动泵。固定转速(频率为 50 Hz),观察泵出口压力表读数,并听泵运转声音是否异常。

③测定元件:本实验装置需要测定的元件有光滑管、粗糙管和闸阀。以光滑管为例,在离心泵出口压力稳定后,打开 HV102、HV105、HV106,并通过 HV103 调节流量。

④排净系统气体:设备主管和取压管线中的气体都要排净,需测定哪个元件,则打开哪个元件的阀门和测压管线上的切换阀,其余管路的切换阀和测压管线上的切换阀都关闭。排气泡的方法是打开光滑管两端的取压管阀门,再打开差压变送器(PIT104)两端进出口阀,观察 PU 透明管内是否有气泡流出,观察排气管出口流体是否成线性排出。透明管内无气泡时,则关闭差压变送器两端的排气阀。

⑤实验测取数据:在测取数据时,应注意数值稳定后再读数。用流量调节阀 HV103 控制流量,流量由小到大测取 15~20 组数据,然后再由大到小测取几组数据,以检查数据的重复性。

⑥测完一个元件的数据后,应将流量调节阀关闭。再依次测定粗糙管阻力和局部阻力,重复上述部分操作。

⑦实验结束后,关闭流量计调节阀,关闭离心泵出口阀,停泵,再关闭离心泵进口阀,最后再按控制柜红色按钮,关闭设备电源。

### 5.1.5　实验注意事项

①启动离心泵之前应关闭离心泵出口阀和流量调节阀。同时,不要在离心泵出口阀关闭的状况下长时间使泵运转,一般不超过 3 min,否则泵中液体循环温度升高,易产生气泡,使泵抽空。

②本实验离心泵在固定转速下运行,不要擅自改变离心泵变频器及实验数显装置的设置。

③在实验过程中,每次调节阀门改变流量时,应力求变化缓慢些,不要大起大落,以免流量突然改变,引起额外扰动,数据稳定后方可记录数据。

④管道内若有空气存在,应先进行排气操作。

⑤本实验装置用于测量压差的差压变送器量程有两种,本实验选用小量程差压变送器PT104。应在最大流量和最小流量之间进行实验操作,一般测取 15~20 组数据。

⑥在测定完一个元件切换到另一个元件时,需重新进行排气操作,否则测定的实验数据错误。

### 5.1.6 实验数据记录及处理

将实验所得数据填入实验数据记录表,其见表 5.2。

**表 5.2 流体阻力实验数据记录**

姓名:_____    同组者:_____    班级:_____    实验日期:_____

指导教师:_____

光滑管    内径:        mm    管长:        mm

| 序号 | 流量 /(L·h$^{-1}$) | 直管压差 $\Delta P$ | | $\Delta P$ /Pa | 流速 $u$ /(m·s$^{-1}$) | $Re$ | $\lambda$ |
|---|---|---|---|---|---|---|---|
| | | /kPa | /mH$_2$O | | | | |
| 1 | | | | | | | |
| 2 | | | | | | | |
| 3 | | | | | | | |
| 4 | | | | | | | |
| 5 | | | | | | | |
| 6 | | | | | | | |
| 7 | | | | | | | |
| 8 | | | | | | | |
| 9 | | | | | | | |
| 10 | | | | | | | |
| 11 | | | | | | | |
| 12 | | | | | | | |
| 13 | | | | | | | |
| 14 | | | | | | | |
| 15 | | | | | | | |
| 16 | | | | | | | |
| 17 | | | | | | | |
| 18 | | | | | | | |
| 19 | | | | | | | |
| 20 | | | | | | | |
| 21 | | | | | | | |
| 22 | | | | | | | |
| | | | $\lambda =$ | | $/Re$ | | |

液体温度:        ℃    液体密度 $\rho =$        kg/m$^3$    液体黏度 $\mu =$        Pa·s

粗糙管　　　　　　　　内径：　　　　　mm　管长：　　　　　mm

| 序号 | 流量 /(L·h⁻¹) | 直管压差 ΔP | | ΔP /Pa | 流速 u /(m·s⁻¹) | Re | λ |
|---|---|---|---|---|---|---|---|
| | | /kPa | /mH₂O | | | | |
| 1 | | | | | | | |
| 2 | | | | | | | |
| 3 | | | | | | | |
| 4 | | | | | | | |
| 5 | | | | | | | |
| 6 | | | | | | | |
| 7 | | | | | | | |
| 8 | | | | | | | |
| 9 | | | | | | | |
| 10 | | | | | | | |
| 11 | | | | | | | |
| 12 | | | | | | | |
| 13 | | | | | | | |
| 14 | | | | | | | |
| 15 | | | | | | | |
| 16 | | | | | | | |
| 17 | | | | | | | |
| 18 | | | | | | | |
| 19 | | | | | | | |
| 20 | | | | | | | |
| 21 | | | | | | | |
| 22 | | | | | | | |

液体温度：　　　℃　　液体密度 $\rho$ =　　　kg/m³　　液体黏度 $\mu$ =　　　Pa·s

局部阻力　　　近端距离：　　　mm　　远端距离：　　　mm

| 序号 | 流量 /(L·h⁻¹) | 近端压差 /kPa | 远端压差 /kPa | 流速 u /(m·s⁻¹) | 局部阻力 /kPa | 阻力系数 ζ |
|------|------|------|------|------|------|------|
| 1 | | | | | | |
| 2 | | | | | | |
| 3 | | | | | | |
| 4 | | | | | | |
| 5 | | | | | | |
| 6 | | | | | | |
| 7 | | | | | | |
| 8 | | | | | | |
| 9 | | | | | | |
| 10 | | | | | | |

### 5.1.7  实验报告中实验结果部分的要求

①将实验数据和计算结果列在表格中,并以其中一组数据为例写出详细计算过程。
②在双对数坐标纸上标绘出湍流时 $\lambda—Re$ 关系曲线。
③在双对数坐标纸上绘出层流时的 $\lambda—Re$ 关系曲线。

### 5.1.8  实验讨论

①在测量前为什么要将设备中的空气排净?怎样才能迅速排净?
②影响流体阻力大小的因素有哪些?
③在 $\lambda—Re$ 曲线中,本实验装置所测 $Re$ 在一定范围内变化,如何增大或减少 $Re$ 的变化范围?
④压差计的测压导管的粗细、长短对测量有无影响?为什么?

## 5.2  流量计的流量校正实验

### 5.2.1  实验任务与目的

①了解文丘里管、转子、孔板和涡轮流量计的构造、工作原理和主要特点。
②掌握流量计的标定方法。
③掌握节流是流量计的流量系数 $C_0$, $C_v$ 随着雷诺数 $Re$ 的变化规律,以及流量系数 $C_0$, $C_v$ 的确定方法。

### 5.2.2  实验基本原理

流量计是计量流体流量、流速的重要仪表,它的准确度直接影响流体的计量问题。工厂生产的流量计基本按照标准规范制造。流量计出厂前一般都在标准状况下以水或空气为介质进行标定。给出流量曲线或用规定的流量计算公式给出指定的流量系数,或将流量直接显示在仪表盘上供用户使用。但在以下情况需要对流量计校正:
①用户遗失出厂的流量曲线,或被测流体的密度与工厂标定时所用流体不同。
②流量计经长期使用而磨损。
③自制的非标准流量计。
流量计的校正方法有容积法、称重法和基准流量计法等。容积法适用于测量气体的和低黏度液体的流量计校正,通过测量在单位时间内进入流量计的流体体积来校正仪表。对于液体流量计,通过测量流入或流出流量计的液体体积、流体流入或流出流量计的时间以及流体温度,再经过计算就可以求出校正后的液体流量。称重法主要适用于液体流量计的校正,通过测量流入或者流出流量计的液体质量,流入或流出时间以及流体密度,就可以计算出流量计在刻度状态下的实际流量。

标准流量计法是以标准流量计为基准，与被校正流量计进行比较来校正流量计的。对液体流量计，标准流量计和被校流量计串联起来，分别读取标准流量计和被校流量计的刻度或流量，然后得到被校流量计的校正曲线或校正公式。

在管路中做稳定流动的流体通过孔口（孔板或文式喉道）时，由于截面积缩小，流速增大，静压能降低而造成孔口前后有一定的压降、流速越大，压降越大，由此原理可测得孔板流量计或文丘里流量的流量系数。

### 1）孔板流量计

在水平管路上安装有一片孔板，孔板前后测压管与压力传感器相连。流体通过孔板的孔口时，因速度变化而造成压降，同时在出口发生收缩形成"缩脉"。测出的流道截面最小，流速最大，引起静压也最大，孔板流量计就是利用压降随流量的变化来测定的流量。若不考虑损失，在孔板上游截面和缩脉处列伯努利方程得：

$$\frac{u_2^2 - u_1^2}{2} = \frac{\Delta p}{\rho} \tag{5.5}$$

由于缩脉处截面积很难确定，而孔口的尺寸是已知的，因此将式（5.5）缩脉处速度用孔口处速度 $u_0$ 代替，并考虑损失。故用系数 $C$ 加以校正，将式（5.5）改为：

$$\sqrt{u_2^2 - u_1^2} = C\sqrt{\frac{2\Delta p}{\rho}} \tag{5.6}$$

对不可压缩流体，根据连续性方程式又可得：

$$u_1 = u_0 \frac{A_0}{A_1} \tag{5.7}$$

带入式（5.6）得：

$$u_0 = \frac{C\sqrt{\frac{2\Delta p}{\rho}}}{\sqrt{1 - \left(\frac{A_0}{A_1}\right)^2}} \tag{5.8}$$

$$u_0 = \frac{C\sqrt{\frac{2\Delta p}{\rho}}}{\sqrt{1 - \left(\frac{A_0}{A_1}\right)^2}} \tag{5.9}$$

孔板前后的压力降用差压变送器测量，于是孔口流速可表示为：

$$u_0 = C_0\sqrt{\frac{2\Delta p}{\rho}} \tag{5.10}$$

根据 $u_0$ 和孔口截面积 $S_0$ 即可计算出流体的体积流量：

$$Q = u_0 A_0 = C_0 A_0 \sqrt{\frac{2\Delta p}{\rho}} \tag{5.11}$$

式中　$A_0$——孔板孔口截面积，$m^2$；

　　　　$C_0$——孔流系数，无因次；

$\Delta p$——孔板流量计的压差,Pa;

$\rho$——管内流体密度,kg/m³;

$Q$——流体的体积流量,m³/h。

孔流系数的大小由孔板锐孔的形状、测压口的位置、孔径与管径比和雷诺数共同决定,具体数值由实验确定。当孔板锐孔直径与管路直径比值一定,雷诺数 $Re$ 超过某个数值后,$C_0$ 就接近于定值。通常工业上定型的孔板流量计都在 $C_0$ 为常数的流动条件下使用。

**2) 文丘里流量计**

孔板流量计的主要缺点是流体通过孔板时,由于管道突然缩小而产生涡流,因而造成能量的严重损失。文丘里流量计为一管径渐渐均匀缩小后又渐渐均匀扩大的光滑管子,收缩管与扩大管结合处,称为文丘里管喉道,这样可以在很大程度上避免涡流所产生的损失。

文丘里流量计体积流量公式:

$$V_s = A_v u_v = C_v A_v \sqrt{\frac{2\Delta p}{\rho}} \qquad (5.12)$$

式中 $C_v$——文丘里流量计的系数,其余各项意义同孔板流量计。

### 5.2.3 实验装置及流程

**1) 实验装置示意图**

本实验装置如图 5.2 所示,管道水平安装,实验物料为自来水,循环使用。

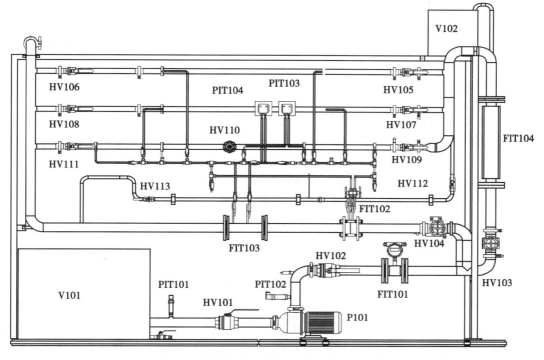

图 5.2 流量计的流量校正实验装置示意图

2) 实验装置流程

本实验装置主要由循环水箱、离心泵、电磁流量计、文丘里流量计、孔板流量计、阀门、管件及配套测量仪表组成。将离心泵启动后，循环水箱的流体经过电磁流量计、闸阀、文丘里流量计、孔板流量计后返回循环水箱。孔板流量计、文丘里流量计两侧取压口，均与差压传感器相连，系统流量由电磁流量计测量。

3) 实验设备与仪表

流体综合实验设备主要技术参数见表 5.3。

表 5.3　流体综合实验设备主要技术参数

| 位　号 | 名　称 | 规　格 |
|--------|--------|--------|
| V101 | 水箱 | 800 mm×800 mm×600 mm，体积 320 L |
| P101 | 离心泵 | CHL8-20，0.75 kW/380 V，扬程 0~20 m，<br>轴功率：0.43~0.85 kW，效率：0~60%，转速：0~2 900 r/min |
| PIT103 | 压差变送器 | 小型压差传感器，量程 0~100 kPa |
| PIT104 | 压差变送器 | 小型压差传感器，量程 0~10 kPa |
| FIT101 | 电磁流量计 | DN50 电磁流量计 |
| FIT102 | 孔板流量计 | 直径：29 mm |
| FIT103 | 文丘里流量计 | 喉径：29 mm |

### 5.2.4　实验方法及步骤

①熟悉实验装置及流程：观察与熟悉各部位的测量仪表。首先按下设备控制柜绿色按钮，启动电源。然后将水箱底部的根部阀关闭，打开自来水给水阀，将水箱液位上涨至容量的 80% 左右，同时关闭装置其他所有阀门。

②启泵：水箱液位达标后，打开离心泵进口阀 HV101 让流体进入泵内排除泵内气体。旋转离心泵电源开关启动泵。固定转速（频率为 50 Hz），观察泵出口压力表读数，并听泵运转声音是否异常。

③测定元件：本实验装置需要测定的元件有文丘里流量计、孔板流量计。在离心泵出口压力稳定后，打开 HV104，调节管路流量。检查 HV103 是否处于关闭状态。

④排净系统气体：设备主管和取压管线中的气体都要排净，打开孔板流量计测压管线上的切换阀，其余管路的切换阀和测压管线上的切换阀都关闭。排气泡的方法是打开光滑管两端的取压管阀门，再打开差压变送器（PIT103）两端进出口阀，观察 PU 透明管内是否有气泡流出，观察排气管出口流体是否成线性排出。透明管内无气泡时，则关闭差压变送器两端的排气阀。

⑤实验测取数据：在测取数据时，应注意数值稳定后再读数。用流量调节阀 HV104 控

制流量,流量由小到大测取 15~20 组数据,然后再由大到小测取几组数据,以检查数据的重复性。

⑥切换元件:关闭孔板流量计测压管阀门。打开文丘里流量计的测压管的球阀,重复上述③、④、⑤部分操作。

⑦实验结束后,关闭流量计调节阀,关闭离心泵出口阀,停泵,再关闭离心泵进口阀,最后再按控制柜红色按钮,关闭设备电源。

### 5.2.5　实验注意事项

①启动离心泵之前应关闭离心泵出口阀和流量调节阀。同时,不要在出口阀关闭的状况下长时间使泵运转,一般不超过 3 min,否则泵中液体循环温度升高,易产生气泡,使泵抽空。

②不要擅自改变变频器及实验数显装置的设置。

③在实验过程中,每次调节阀门改变流量时,应力求变化缓慢些,不要大起大落,以免流量突然改变,引起额外扰动,数据稳定后方可记录数据。

④管道内若有空气存在,应先进行排气操作。

⑤本实验装置用于测量压差的差压变送器量程有两种,本实验选用大量程差压变送器 PT103。应在最大流量和最小流量之间进行实验操作,一般测取 15~20 组数据。

⑥在测定完文丘里流量计切换到孔板流量计时,需重新进行排气操作,否则测定的实验数据错误。

### 5.2.6　实验数据记录及处理

将实验所得数据填入实验数据记录表,见表 5.4。

表 5.4　流量计校核实验数据记录表

姓名:_____　　同组者:_____　　班级:_____　　实验日期:_____
指导教师:_____　　水温:_____ ℃　　黏度:_____ Pa·s

| 序号 | 文丘里流量计 /kPa | 文丘里流量计 /Pa | 流量 $Q$ /($m^3 \cdot h^{-1}$) | 流速 $u$ /($m \cdot s^{-1}$) | $Re$ | $C_0$ |
|---|---|---|---|---|---|---|
| 1 | | | | | | |
| 2 | | | | | | |
| 3 | | | | | | |
| 4 | | | | | | |
| 5 | | | | | | |
| 6 | | | | | | |
| 7 | | | | | | |
| 8 | | | | | | |

续表

| 序号 | 文丘里流量计 /kPa | 文丘里流量计 /Pa | 流量 $Q$ /($m^3 \cdot h^{-1}$) | 流速 $u$ /($m \cdot s^{-1}$) | $Re$ | $C_0$ |
|------|------|------|------|------|------|------|
| 9 | | | | | | |
| 10 | | | | | | |
| 11 | | | | | | |
| 12 | | | | | | |
| 13 | | | | | | |
| 14 | | | | | | |
| 15 | | | | | | |

数据记录： 水温：_____℃ 黏度：_____Pa·s

| 序号 | 孔板流量计 /kPa | 孔板流量计 /Pa | 流量 $Q$ /($m^3 \cdot h^{-1}$) | 流速 $u$ /($m \cdot s^{-1}$) | $Re$ | $C_0$ |
|------|------|------|------|------|------|------|
| 1 | | | | | | |
| 2 | | | | | | |
| 3 | | | | | | |
| 4 | | | | | | |
| 5 | | | | | | |
| 6 | | | | | | |
| 7 | | | | | | |
| 8 | | | | | | |
| 9 | | | | | | |
| 10 | | | | | | |
| 11 | | | | | | |
| 12 | | | | | | |
| 13 | | | | | | |
| 14 | | | | | | |
| 15 | | | | | | |

### 5.2.7　实验报告中实验结果部分的要求

①将实验数据和计算结果列在表格中,并以其中一组数据为例写出详细计算过程。

②由测得的孔板流量计的压差和文丘里流量计压差,计算 $C_0$, $C_v$。

③在单对数坐标纸上标绘出 $C_0$—$Re$, $C_v$—$Re$ 的关系曲线。

### 5.2.8　实验讨论

①用孔板流量计和文丘里流量计,若流量相同,孔板流量计所测压差与文丘里流量计所测压差哪一个大? 为什么?

②流量计的孔流系数 $C_0$ 和 $C_v$ 通常的范围是多少? 它们与哪些参数有关? 这些参数对孔流系数 $C_0$, $C_v$ 有何影响?

③为什么安装流量计时,要求前后有一定的直管稳定段?

## 5.3　离心泵性能测定实验

### 5.3.1　实验目的及任务

①了解离心泵的结构和特性,掌握离心泵的操作和调节方法。

②掌握离心泵特性曲线和管路特性曲线的测定方法,加深对离心泵性能的了解。

③测定离心泵在恒定转速下的特性曲线,并确定泵的最佳工作范围。

④学会压力变送器、变频器、电磁流量计、智能流量积算仪的使用方法。

⑤建立化工设备的工程化概念,了解采用数字化仪表,计算机 DCS 数据采集、过程控制的基本原理和过程。

### 5.3.2　实验基本原理

**1) 离心泵的性能参数**

离心泵是化工生产中输送液体常用的设备,其主要性能参数有流量 $Q$、压头 $H$、轴功率 $P$、效率 $\eta$ 等。离心泵的内部结构、叶轮形式及转速都能影响离心泵的性能参数。在一定的型号和转速下,离心泵的扬程 $H$、轴功率 $N$ 及效率 $\eta$ 均随流量 $Q$ 而改变。通常通过实验测出 $H$-$Q$、$N$-$Q$ 及 $\eta$-$Q$ 关系,并用曲线表示称为特性曲线。特性曲线是确定泵的适宜操作条件和选用泵的重要依据,是流体在泵内流动规律的外部表现形式。

(1)流量 $Q$

流量通过离心泵出口阀调节,采用电磁流量计测量,智能流量积算仪显示流量值,单位为 $m^3/h$。

(2)泵的扬程(压头)$H$

泵的扬程表示单位质量液体从泵中所获得的机械能。其大小取决于泵的结构、叶轮、转

49

速及流量,也与液体的黏度有关。根据离心泵进出口管道上安装的真空表和压力表读数,列伯努利方程得:

$$H_e = H_{压力表} + H_{真空表} + h_0 + \frac{u_2^2 - u_1^2}{2g} \tag{5.13}$$

式中  $H_{压力表}$, $H_{真空表}$——出口压力表和泵入口压力表的压力值,Pa;

$h_0$——压力表和真空表测压口之间的垂直距离,m;

$u_1$, $u_2$——泵进出口的流速,m/s。

(3)轴功率 $P_{轴}$

功率表测得的功率为电动机的输入功率。由于泵由电机带动,传动效率可视为1.0,所以泵的轴功率等于电机的输出功率。电动机的输出功率等于电动机的输入功率与电动机效率 $\eta_{电}$ 的乘积。在本实验中不能直接测量轴功率,只能测量电动机的输入功率,再用式(5.14)求得轴功率:

$$P_{轴} = P_{电} \times \eta_{电} \times \eta_{转} \tag{5.14}$$

(4)泵的有效功率 $P_e$

在单位时间内,液体从泵中实际所获得的功,即为泵的有效功率,若测得泵的流量 $V$,扬程 $H$,被输送流体的密度为 $\rho$,则泵的有效功率按(5.15)计算:

$$P_e = \frac{\rho g H Q}{1\,000} \tag{5.15}$$

(5)泵的效率

由于离心泵中各种能量损失的存在,轴功率仅有一部分提供给了液体,即有效功率。有效功率与轴功率的比值即为效率。$\eta$ 与泵的结构、大小、制造精度及输送液体的性质、流量均有关。

$$\eta = \frac{P_e}{P_{轴}} \times 100\% = \frac{HQ\rho g}{P_{轴}} \times 100\% \tag{5.16}$$

**2)管路特性曲线测定**

当离心泵安装在特定的管路系统中时,离心泵的实际工作情况是由泵的特性和管路本身性能共同决定的。管路特性曲线是指流体流经管路系统的流量与所需压头之间的关系。若将泵的特性曲线与管路特性曲线绘在同一坐标图上,两曲线交点即为泵在该管路的工作点,若通过改变阀门开度来改变管路特性曲线,可求出泵的管路特性曲线。那么也可通过改变泵的转速来改变泵的特性曲线,从而得出泵的特性曲线。在管路一定的情况下,通过改变离心泵的频率调节流量,固定阀门开度来测量管路 $H$;通过阀门改变流量,固定转速来测量泵 $H$。

### 5.3.3  实验装置及流程

**1)实验装置示意图**

本实验装置如图5.3所示,管道水平安装,实验物料为自来水,循环使用。

**2)实验装置流程**

本实验装置主要由循环水箱、离心泵、电磁流量计、变频器、阀门、管件及配套测量仪表组成。将离心泵启动后,循环水箱的流体经过电磁流量计、闸阀、返回循环水箱。PIT101 测定离心泵进口压力,PIT102 测定离心泵出口压力。

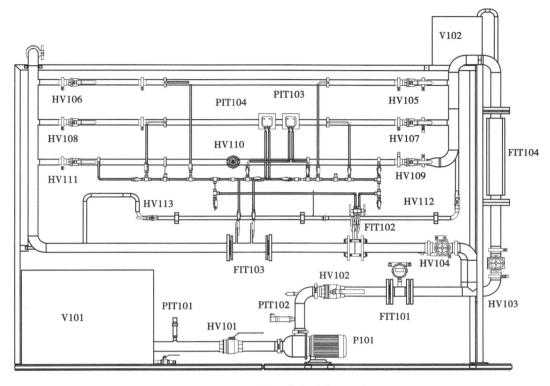

图 5.3　离心泵性能测定实验装置示意图

### 3) 实验设备与仪表

离心泵特性曲线测定的实验设备主要技术参数见表 5.5。

表 5.5　离心泵特性曲线测定实验设备主要技术参数

| 位　号 | 名　称 | 规　格 |
|---|---|---|
| V101 | 水箱 | 800 mm×800 mm×600 mm,体积 320 L |
| P101 | 离心泵 | CHL8-20,0.75 kW/380 V,扬程 0~20 m,<br>轴功率:0.43~0.85 kW,效率:0~60%,转速:0~2 900 r/min |
| PIT101<br>PIT102 | 压力变送器 | 差压变送器,−0.1~0.1 MPa<br>差压变送器,0~0.3 MPa |
| FIT101 | 电磁流量计 | DN50 电磁流量计 |
| 真空表与压强表测压口之间的垂直距离 | | 240 mm |

51

### 5.3.4　实验方法及步骤

①熟悉实验装置及流程:观察与熟悉各部位的测量仪表。首先按下设备控制柜绿色按钮,启动电源。然后将水箱底部的根部阀关闭,打开自来水给水阀,将水箱液位上涨至容量的80%左右,同时关闭装置其他所有阀门。

②启泵:水箱液位达标后,打开离心泵进口阀 HV101 让流体进入泵内排除泵内气体,读取并记录 PIT101 的数值。旋转离心泵电源开关启动泵,固定转速(频率为 50 Hz),观察泵出口压力表读数,并听泵运转声音是否异常。

③缓慢打开离心泵的出口阀 HV102,调节流量从小到最大,流量由电磁流量计测得,记录相关数据,测取 10 组数据,完成离心泵特性曲线实验。

④将离心泵出口阀打开一定开度,通过改变变频器频率来调节水流量,测取 10 组数据,完成管路特性曲线实验。

⑤实验结束后,关闭离心泵出口阀 HV102,停泵,再关闭离心泵进口阀,最后再按控制柜上红色按钮,关闭设备电源。

### 5.3.5　实验注意事项

①启动离心泵之前应关闭离心泵出口阀和流量调节阀。同时,不要在出口阀关闭的状况下长时间使泵运转,一般不超过 3 min,否则泵中液体循环温度升高,易产生气泡,使泵抽空。

②不要擅自改变变频器及实验数显装置的设置。

③在实验过程中,每次调节阀门改变流量时,应力求变化缓慢些,不要大起大落,以免流量突然改变引起额外扰动,数据稳定后方可记录数据。

④启动离心泵之前,应先读取离心泵入口表压。离心泵进口与水箱液面有高度差,入口表压读数时应减去最初的压力值。

### 5.3.6　实验数据记录及整理

将实验所得数据填入实验数据记录表,见表5.6。

**表 5.6　离心泵性能实验数据记录表**

姓名:_____　　同组者:_____　　班级:_____　　实验日期:_____

指导教师:_____　　转数:_____ r/min　　进出口管径:_____ mm

压力计及真空计高差:_____ mm　　水温:_____ ℃　　密度:_____ kg/m³

| 序号 | 流量 $Q$ /(m³·h⁻¹) | 转数 $n$ /(r·min⁻¹) | 压力表 | | 真空表 | | 压头 $H_e$/m | 轴功率/kW | | | 有效功率 /kW | 效率 $\eta$ |
|---|---|---|---|---|---|---|---|---|---|---|---|---|
| | | | MPa | mH₂O | MPa | mH₂O | | 功率表读数 | 电机效率 | 轴功率 | | |
| 1 | | | | | | | | | | | | |
| 2 | | | | | | | | | | | | |

续表

| 序号 | 流量 $Q$ /$(m^3 \cdot h^{-1})$ | 转数 $n$/ $(r \cdot min^{-1})$ | 压力表 | | 真空表 | | 压头 $H_e$/m | 轴功率/kW | | | 有效 功率 /kW | 效率 $\eta$ |
|---|---|---|---|---|---|---|---|---|---|---|---|---|
| | | | MPa | mH$_2$O | MPa | mH$_2$O | | 功率表 读数 | 电机 效率 | 轴 功率 | | |
| 3 | | | | | | | | | | | | |
| 4 | | | | | | | | | | | | |
| 5 | | | | | | | | | | | | |
| 6 | | | | | | | | | | | | |
| 7 | | | | | | | | | | | | |
| 8 | | | | | | | | | | | | |
| 9 | | | | | | | | | | | | |
| 10 | | | | | | | | | | | | |
| 11 | | | | | | | | | | | | |
| 12 | | | | | | | | | | | | |
| 13 | | | | | | | | | | | | |
| 14 | | | | | | | | | | | | |
| 15 | | | | | | | | | | | | |
| 16 | | | | | | | | | | | | |
| 17 | | | | | | | | | | | | |
| 18 | | | | | | | | | | | | |
| 19 | | | | | | | | | | | | |
| 20 | | | | | | | | | | | | |
| 21 | | | | | | | | | | | | |
| 22 | | | | | | | | | | | | |
| 23 | | | | | | | | | | | | |
| 24 | | | | | | | | | | | | |
| 25 | | | | | | | | | | | | |

### 5.3.7 实验报告中实验结果部分的要求

①实验数据必须真实,不能任意改动数据,数据一律记录在原始数据记录纸上,并以其中一组数据为例写出详细计算过程。

②在普通坐标纸上标绘离心泵的特性曲线($H$-$Q$、$N$-$Q$、$\eta$-$Q$);并在图上标出离心泵型号、转速和高效区。

③在以上坐标系中绘出阀门在某一开度下的管路特性曲线,并标出工作点。

### 5.3.8 实验讨论

①为什么要测定泵的特性曲线?有何意义?

②泵的特性曲线有几条?各有何意义?

③试分析离心泵气缚现象与气蚀现象的区别。

④为什么流量越大,离心泵入口处真空表的读数越大?离心泵出口处压力表的读数越小?

# 5.4 真空恒压过滤实验

### 5.4.1 实验任务与目的

①测定恒定压力下过滤方程中的常数 $K$,$q_e$,$\tau_e$ 及物料特性常数是和滤饼压缩指数 $s$。

②熟悉过滤操作方法。

③测定 $K$ 与 $q_e$ 关系,并在双对数坐标纸上绘制不同压力下的 $\lg K$—$\lg q_e$ 关系曲线。

### 5.4.2 实验基本原理

过滤是利用过滤介质进行液-固相分离的过程。过滤介质通常采用多孔的纺织品,如帆布、毛毡等。含有固体颗粒的悬浮液在一定压力的作用下液体通过过滤介质,固体颗粒被截留在介质表面上,从而使液固两相分离。

过滤操作通常分为恒压过滤和恒速过滤。在过滤过程中,由于固体颗粒不断被截留在介质表面上,滤饼厚度增加,液体流过固体颗粒之间的孔道加长,而使流体阻力增大,故在恒压过滤时,过滤速率是随时间逐渐下降的。如果想保持过滤速率不变,就必须不断增加滤饼两侧的压力差。前者过滤压力不变,称为恒压过滤,后者过滤速率不变,称为恒速过滤。

恒压过滤方程:

$$(V + V_e) = KA^2(\tau + \tau_e) \tag{5.17}$$

式中　　$V$——滤液体积,$m^3$;

　　　　$\tau$——过滤时间,$s$;

　　　　$V_e$——过滤介质的当量滤液体积,$m^3$;

　　　　$\tau_e$——与得到当量滤液体积 $V_e$ 相对应的过滤时间,$s$;

　　　　$A$——过滤面积,$m^2$;

　　　　$K$——过滤常数,$m^2/s$,包含物料特性常数 $k$ 是和操作压力 $\Delta P$ 参数,表示为:

$$K = \frac{2\Delta P^{1-s}}{\mu r_0 \nu} = 2k\Delta P^{1-s} \tag{5.18}$$

式中　　$\Delta P$——滤饼两侧压力差,$N/m^2$;

　　　　$s$——滤饼压缩指数;

　　　　$k$——表征过滤物料的特性常数,$m^4/(N \cdot s)$ 或 $m^2/(Pa \cdot s)$,对一定的悬浮液是常数;

　　　　$\mu$——滤液黏度,$Pa \cdot s$;

　　　　$r_0$——单位压力下滤饼的比阻,$L/m^2$;

　　　　$v$——过滤单位滤液体积时生成的滤饼体积,$m^3/m^3$。

通常,在一定条件下过滤某种物料,过滤方程的常数 $K$,$V_e$ 和 $\tau_e$ 都是通过实验测定,为了便于测定这些常数得到,令 $q = V/A$,$q_e = V_e/A$,改写过滤方程式(5.18)为:

$$(q + q_e)^2 = K(\tau + \tau_e) \tag{5.19}$$

式中　　$q$——过滤时间为 $\tau$ 时,单位过滤面积过滤得到的滤液量,$m^3/m^2$;

　　　　$q_e$——设想形成一层滤饼,其阻力与过滤介质阻力相等时,单位过滤面积通过的滤液量,$m^3/m^2$。

将式(5.19)微分并整理得:

$$\frac{\mathrm{d}\tau}{\mathrm{d}q} = \frac{2q}{K} + \frac{2q_e}{K} \tag{5.20}$$

将式(5.20)左侧的导数用差分代替,则成为:

$$\frac{\Delta\tau}{\Delta q} = \frac{2q}{K} + \frac{2q_e}{K} \tag{5.21}$$

式(5.21)为一直线方程,它表明在恒定压力下过滤悬浮液,测定出不同的过滤时间 $\tau$ 和滤液累计量 $q$ 的数据,然后算出一系列 $\Delta\tau$ 与 $\Delta q$ 的对应值,在普通坐标纸上以 $\Delta\tau/\Delta q$ 为纵坐标,用 $\bar{q}$[取两次测定 $q$ 的平均值,即 $\bar{q} = (q_i + q_{i+1})/2$]为横坐标作图,可以得到一直线,其斜率为 $2/K$,截距为 $2q_e/K$。由此求得 $K$,$q_e$,再通过式(5.22)求出 $\tau_e$。

$$\tau_e = \frac{q_e^2}{K} \tag{5.22}$$

为求滤饼的压缩指数 $s$,须在不同的过滤压力差 $\Delta P$ 的条件下进行实验,测定出各种条

件下的过滤常数 $K$ 值。再由 $K=2k\Delta P^{1-s}$ 的关系,在双对数坐标纸上以 $K$ 为纵坐标,以 $\Delta P$ 为横坐标标绘得一直线,其斜率为 $1-s$,截距为 $2k$,从而可求得 $s$ 和 $k$。

### 5.4.3 实验装置及流程

#### 1)实验装置示意图

本实验装置和流程如图 5.4、图 5.5 所示。

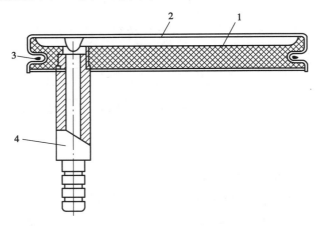

图 5.4　过滤板结构图

1—过滤板;2—过滤介质(滤布);3—软绳;4—连接真空接管

#### 2)实验装置流程

本实验将水和 $CaCO_3$ 放在滤浆槽里,用搅拌器搅拌,使之成为悬浮液作为实验物料。过滤板结构如图 5.4 所示,是由一块带有沟槽的塑料板制成,表面用帆布作为过滤介质,在真空下吸滤,滤液通过计量筒计量,滤渣被截留在过滤介质表面上形成滤饼。系统的真空是利用一个循环水泵带动真空喷射泵产生。过滤压力即系统的真空度可通过真空度调节阀进行调节。

### 5.4.4 实验方法及步骤

①将帆布放在过滤板上,四周拉紧,将粗线绳塞进过滤板四周的沟槽里,将帆布固定紧,然后将过滤板按流程接入真空系统。

②将一定量的粉状 $CaCO_3$ 混入已装有水的滤浆槽内,用搅拌器搅拌使之成为悬浮液体,作为滤浆。悬浮液的浓度可按需要配制。

③开动水泵,使真空喷射泵开始工作,若系统不能造成真空,检查原因,作适当处理。

④真空系统运转正常后,做好实验前的准备工作,首先初步调好实验时的真空度,可将连接过滤板与滤液计量筒胶管处旋塞 6 关闭,用真空调节阀 7 调节真空度。然后将计量筒加水建立零点。可取少量清水,将过滤板放入水中,打开旋塞 6,靠初步调好的真空度将清水

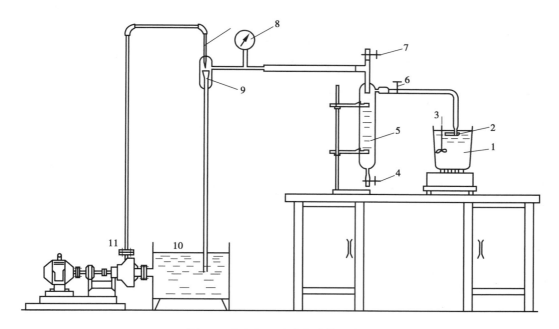

图 5.5　真空恒压过滤实验装置流程

1—滤浆槽;2—过滤板;3—磁力搅拌器;4—放水螺旋夹;5—滤液计量筒;6—旋塞;

7—真空调节阀;8—真空表;9—水力真空喷射泵;10—循环水泵;11—水泵

吸入计量筒内至某液位,然后关闭旋塞 6。秒表回零。开动搅拌器,使滤浆成悬浮液(若已沉淀可用人力先搅拌一下)。将过滤板放入滤浆槽里固定。

⑤实验测定。过滤实验是一个不稳定的操作过程,所以过滤一开始时,同时记录过滤时间和对应得到的滤液体积。过滤真空度可选 0.02 MPa,0.04 MPa 和 0.05 MPa。每次测定 10~15 个数据。实验过程中注意调节真空度。滤液量和过滤时间要连续记录,滤液量的间隔最好相等,可控制液面计高度在 30~50 刻度。

⑥实验结束后,关闭水泵和搅拌器的电源,并清理物料及设备恢复到实验前的状态。

### 5.4.5　实验注意事项

①过滤板与过滤框之间的密封垫注意要放正,过滤板与过滤框上面的滤液进出口对齐,滤板与滤框安装完毕后要用摇柄把过滤设备压紧,以免漏液。

②长时间不使用实验设备时,应将设备内的液体排放掉,并清洗干净,避免设备锈蚀。

③计量槽的流液管口应紧贴桶壁,防止液面波动影响度数。

### 5.4.6　实验数据记录与处理

将实验所得数据填入实验数据记录及处理表,参考表 5.7。

### 表 5.7　真空恒压过滤实验数据记录表

姓名：_____　　同组者：_____　　班级：_____　　实验日期：_____

指导教师：_____　　过滤板尺寸：_____ m　　过滤面积：_____ m²

使用压力：_____　　悬浮液成分：_____

| 序号 | 滤液体积 | | 过滤时间 $\tau$ | | $\Delta\tau$ /s | $\Delta q$ /(m³·m⁻²) | $\Delta\tau/\Delta q$ /(s·m⁻¹) | $q$ /(m³·m⁻²) |
|---|---|---|---|---|---|---|---|---|
| | $V$/mL | $q$/(m³·m⁻²) | min,s | s | | | | |
| 1 | | | | | | | | |
| 2 | | | | | | | | |
| 3 | | | | | | | | |
| 4 | | | | | | | | |
| 5 | | | | | | | | |
| 6 | | | | | | | | |
| 7 | | | | | | | | |
| 8 | | | | | | | | |
| 9 | | | | | | | | |
| 10 | | | | | | | | |
| 11 | | | | | | | | |
| 12 | | | | | | | | |
| 13 | | | | | | | | |
| 14 | | | | | | | | |
| 15 | | | | | | | | |
| 16 | | | | | | | | |
| 17 | | | | | | | | |
| 18 | | | | | | | | |
| 19 | | | | | | | | |
| 20 | | | | | | | | |
| 21 | | | | | | | | |
| 22 | | | | | | | | |
| 23 | | | | | | | | |
| 24 | | | | | | | | |
| 25 | | | | | | | | |
| 26 | | | | | | | | |

### 5.4.7　实验报告中实验结果部分的要求

①利用作图法求恒压条件下的 $K,q_e$ 和 $\tau_e$，也可利用最小二乘法复验所求过滤方程的常数。

②求滤饼的压缩指数 $s$ 及物料特性常数 $K$。

③绘制 $\lg K$—$\lg q_e$ 关系曲线。

### 5.4.8　实验讨论

①说明过滤方程中 $q_e$ 和 $\tau_e$ 的含义？

②过滤介质阻力与哪些因素有关？并写出表达式。若设其阻力保持不变，而改变操作压力，则 $q_e$ 值有何变化？

③为什么过滤开始时，滤液常常有点浑浊，而过段时间后才变清？

④影响过滤速率的主要因素有哪些？当在某一恒压下测得 $K,q_e$ 和 $\tau_e$ 值后，若将过滤压力提高1倍，问 $K,q_e$ 和 $\tau_e$ 值将有何变化？

# 5.5　干燥及干燥曲线测定

### 5.5.1　实验目的与任务

①了解洞道干燥装置的基本结构、工艺流程和操作方法。

②练习并掌握干燥曲线和干燥速率曲线及临界含水量 $X_c$ 的实验测定方法，加深对干燥过程及其机理的理解。

③学习干、湿球温度计的使用方法，学习被干燥物料与空气之间对流传热系数的测定方法。

④研究不同空气条件(湿度、温度、速度)对干燥过程的影响。

### 5.5.2　实验基本原理

当湿物料与干燥介质接触时，物料表面的水分开始汽化，并向周围介质传递。根据介质传递的特点，干燥过程可分为两个阶段。

第一阶段为恒速干燥阶段。干燥过程开始时，由于整个物料湿含量较大，其物料内部水分能迅速到达物料表面。此时干燥速率由物料表面水分的汽化速率所控制，故此阶段称为表面汽化控制阶段。在这个阶段中，干燥介质传给物料的热量全部用于水分的汽化，物料表面温度维持恒定(等于热空气湿球温度)，物料表面的水蒸气分压也维持恒定，干燥速率恒定不变，故称为恒速干燥阶段。

第二阶段为降速干燥阶段。当物料干燥其水分达到临界湿含量后，便进入降速干燥阶段。此时物料中所含水分较少，水分自物料内部向表面传递的速率低于物料表面水分的汽化速率,干燥速率由水分在物料内部的传递速率所控制,称为内部迁移控制阶段。随着物料湿含量逐渐减少,物料内部水分的迁移速率逐降低,干燥速率不断下降,故称为降速干燥阶段。

恒速段干燥速率和临界含水量的影响因素主要有固体物料的种类和性质、固体物料层的厚度或颗粒大小、空气的温度、湿度和流速以及空气与固体物料间的相对运动方式等。

恒速段干燥速率和临界含水量是干燥过程研究和干燥器设计的重要数据。本实验在恒定干燥条件下对帆布物料进行干燥,测绘干燥曲线和干燥速率曲线,目的是掌握恒速段干燥速率和临界含水量的测定方法及其影响因素。

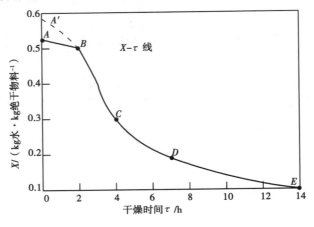

图 5.6 干燥曲线

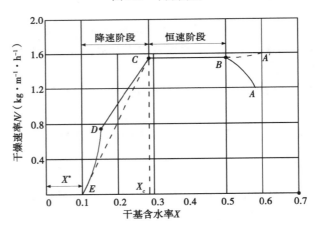

图 5.7 典型的干燥速率曲线(恒定干燥)

①干燥速率测定:

$$U = \frac{\mathrm{d}W'}{S\mathrm{d}\tau} \approx \frac{\Delta W'}{S\Delta\tau} \tag{5.23}$$

式中　$U$——干燥速率,$\mathrm{kg}/(\mathrm{m}^2 \cdot \mathrm{h})$;

　　　　$S$——干燥面积,$\mathrm{m}^2$;

　　　　$\Delta\tau$——时间间隔,h;

$\Delta W'$——$\Delta \tau$ 时间间隔内干燥气化的水分量,kg。

②物料干基含水量:

$$X = \frac{G' - G_c'}{G_c'} \tag{5.24}$$

式中　$X$——物料干基含水量,kg 水/kg 绝干物料;

　　　$G'$——固体湿物料的量,kg;

　　　$G_c'$——绝干物料量,kg。

③恒速干燥阶段对流传热系数的测定:

$$U_c = \frac{\mathrm{d}W'}{S\mathrm{d}\tau} = \frac{\mathrm{d}Q'}{r_{tw}S\mathrm{d}\tau} = \frac{\alpha(t - t_w)}{r_{tw}} \tag{5.25}$$

$$\alpha = \frac{U_c \cdot r_{tw}}{t - t_w} \tag{5.26}$$

式中　$\alpha$——恒速干燥阶段物料表面与空气之间的对流传热系数,W/(m$^2$ · ℃);

　　　$U_c$——恒速干燥阶段的干燥速率,kg/(m$^2$ · s);

　　　$t_w$——干燥器内空气的湿球温度,℃;

　　　$t$——干燥器内空气的干球温度,℃;

　　　$r_{tw}$——$t_w$℃下水的汽化热,J/kg。

④干燥器内空气实际体积流量的计算:

由节流式流量计的流量公式和理想气体的状态方程式可推导出:

$$V_t = V_{t_0} \times \frac{273 + t}{273 + t_0} \tag{5.27}$$

式中　$V_t$——干燥器内空气实际流量,m$^3$/s;

　　　$t_0$——流量计处空气的温度,℃;

　　　$V_{t_0}$——常压下 $t_0$℃时空气的流量,m$^3$/s;

　　　$t$——干燥器内空气的温度,℃。

$$V_{t_0} = C_0 \times A_0 \times \sqrt{\frac{2 \times \Delta P}{\rho}} \tag{5.28}$$

$$A_0 = \frac{\pi}{4}d_0^2 \tag{5.29}$$

式中　$C_0$——流量计流量系数,$C_0 = 0.65$;

　　　$d_0$——节流孔开孔直径,$d_0 = 0.040$ m;

　　　$A_0$——节流孔开孔面积,m$^2$;

　　　$\Delta P$——节流孔上下游两侧压力差,Pa;

　　　$\rho$——孔板流量计处 $t_0$ 时空气的密度,kg/m$^3$。

### 5.5.3  实验装置及流程

**1) 实验装置示意图**

干燥及干燥曲线测定的实验装置示意如图 5.8 所示。

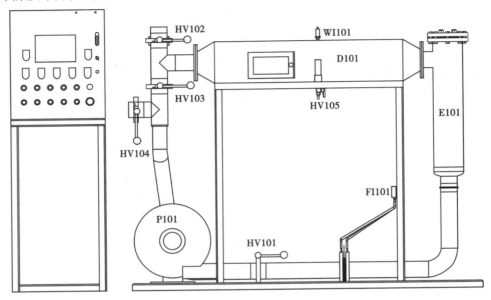

图 5.8  干燥及干燥曲线测定实验装置图

**2) 实验装置流程**

新鲜空气与循环气混合后经鼓风机 P101 输送进入 E101 空气加热器,热空气在 D101 洞道干燥箱内与湿物料进行热质传递后,一部分废气排出,一部分与新鲜空气混合进行废气循环。

**3) 实验设备与仪表**

干燥及干燥曲线测定实验装置参数见表 5.8。

表 5.8  干燥及干燥曲线测定实验装置参数表

| 位　号 | 名　称 | 规　格 |
|---|---|---|
| P101 | 鼓风机 | 最大风量 580 m³/h,风压 1.2 kPa,250 W/220 V |
| E101 | 空气加热器 | 内置 U 形带翅片加热棒 3 kW/220 V,$L=650$ mm |
| D101 | 洞道干燥箱 | 规格 1 000 mm×200 mm×200 mm,材质为 304 不锈钢 |
| HV101～HV104 | 蝶阀 | $\phi89$ |
| FI101 | 进风流量 | 孔板流量计,DN80,孔板内径 $\phi45$,环隙取压。配差压变送器,0～1 kPa,4～20 mA 输出 |

续表

| 位　号 | 名　称 | 规　格 |
|---|---|---|
| TI101 | 加热器前温度 | PT100/L＝60 mm,量程 0~200 ℃ |
| TI102 | 干球温度计 | PT100/L＝60 mm,量程 0~200 ℃ |
| TI103 | 湿度温度计 | PT100/L＝60 mm,量程 0~200 ℃,探头上包纱布,<br>下端置于水槽中,外部连接有加水槽 |
| WI101 | 物料称量 | 自动去皮称重传感器,称量范围 0~250 g,<br>精度为 0.1 g,带数显仪表 |

### 5.5.4　实验方法及步骤

①开启控制箱总电源开关。将待干燥物料(帆布)放入水中浸湿,打开阀门 HV105,将湿球温度计的管道用烧杯加满水,关闭 HV105。

②全开蝶阀 HV102、蝶阀 HV104 和蝶阀 HV101 后,在控制面板上启动风机按钮。

③打开蝶阀 HV103,关闭蝶阀 HV104,调节蝶阀 HV102 开度将空气流量控制在一定值后再启动加热。

④在控制面板上先打开加热开关按钮,然后在宇电仪表上设置所需加热温度(教师已提前设置)。

⑤待加热到所需温度后,在空气温度、流量稳定条件下,读取称重传感器测定支架的重量并记录下来,同时记录控制面板上湿球温度 TT103、干球温度 TT104、加热器进、出口温度 TT101、TT102 和孔板压差读数。

⑥打开洞道干燥器视窗口,将充分润湿的帆布固定在重量传感器上,固定好后将干燥器视窗口关紧,并记录此时称重数显表上读数。

⑦待温度和风量稳定后,记录干燥时间,每隔 3 min 记录实验数据湿球温度 TT103、干球温度 TT104、加热器进、出口温度 TT101、TT102、孔板压差读数和称重数显表读数,直至干燥物料的重量不再明显减轻为止。

⑧可改变空气流量和空气温度,重复上述实验步骤并记录相关数据。

⑨实验结束时,先关闭加热电源,待干球温度降至常温后关闭风机电源开关,然后关闭控制面板电源和总电源开关。

### 5.5.5　实验注意事项

①重量传感器的量程为 0~250 g,精度比较高,所以在放置干燥物料时务必轻拿轻放,以免损坏或降低重量传感器的灵敏度。

②当干燥器内有空气流过时才能开启加热装置,以避免干烧损坏加热器(本装置设有联锁,没有开风机的情况下,加热电源开关开不起来)。

③干燥物料要保证充分浸湿但不能有水滴滴下,否则将影响实验数据的准确性。

④实验进行中不要改变智能仪表的设置。

### 5.5.6 实验数据记录及处理

将实验所得数据填入实验数据记录表,见表5.9。

**表5.9 干燥及干燥曲线测定实验数据记录表**

姓名:_____ 同组者:_____ 班级:_____ 实验日期:_____ 指导教师:_____

| 空气孔板流量计读数 $R$: Pa | 流量计处的空气温度 $t_0$: ℃ |
|---|---|
| 干球温度 $t$: ℃ | 湿球温度 $t_w$: ℃ |
| 框架质量 $G_D$: g | 绝干物料量 $G_c$: g |
| 干燥面积 $S$: m² | 洞道截面积: m² |

| 序号 | 累计时间 $T$/min | 总质量 $G_T$/g | 干基含水量 $X$ /(kg·kg$^{-1}$) | 平均含水量 $X_{AV}$/(kg·kg$^{-1}$) | 干燥速率 $U \times 10^4$[kg/(s·m$^{-2}$)] |
|---|---|---|---|---|---|
| 1 | 0 | | | | |
| 2 | 3 | | | | |
| 3 | 6 | | | | |
| 4 | 9 | | | | |
| 5 | 12 | | | | |
| 6 | 15 | | | | |
| 7 | 18 | | | | |
| 8 | 21 | | | | |
| 9 | 24 | | | | |
| 10 | 27 | | | | |
| 11 | 30 | | | | |
| 12 | 33 | | | | |

续表

| 序号 | 累计时间 $T$/min | 总质量 $G_T$/g | 干基含水量 $X$ /(kg·kg$^{-1}$) | 平均含水量 $X_{AV}$/(kg·kg$^{-1}$) | 干燥速率 $U \times 10^4$ [kg/(s·m$^{-2}$)] |
|---|---|---|---|---|---|
| 13 | 36 | | | | |
| 14 | 39 | | | | |
| 15 | 42 | | | | |
| 16 | 45 | | | | |
| 17 | 48 | | | | |
| 18 | 51 | | | | |
| 19 | 54 | | | | |
| 20 | 57 | | | | |
| 21 | 60 | | | | |

### 5.5.7　实验报告中实验结果部分的要求

①根据实验数据绘制干燥曲线和干燥速率曲线。

②根据干燥速率曲线读取无量的恒速阶段干燥速率 $U_c$，临界含水量 $X_c$，平衡含水量 $X^*$。

③计算恒速干燥阶段物料干燥时的传质系数 $k_H$ 和传热系数 $\alpha$。

### 5.5.8　实验讨论

①利用干、湿球温度计测定空气的湿度时,为什么要求空气必须有一定流速? 以多少为宜?

②空气和水蒸气混合物系统,为什么可认为湿球温度 $t_w$ 与空气的绝热饱和温度 $t_s$ 相等?

③分别说明提高气流温度或加大空气流量时,干燥速率曲线有何变化? 对临界含水量有无影响? 为什么?

④实验开始时,为什么要先启动风机再启动加热器? 实验结束时,为什么要先关闭加热器,等干球温度降至常温后关闭风机电源?

⑤控制恒速干燥阶段速率的因素是什么? 控制降速干燥阶段干燥速率的因素又是什么?

## 5.6　冷空气-蒸气对流传热中和实验

### 5.6.1　实验任务与目的

①通过空气-水蒸气简单套管换热器的实验研究,掌握对流传热系数 $\alpha$ 的测定方法,加深对其概念和影响因素的理解,并应用线性回归分析方法,确定关联式 $Nu = ARe^m Pr^{0.4}$ 中常数 $A, m$ 数值。

②掌握总传热系数 $K$ 的测定方法,认识了解列管换热器、双螺旋管式换热器的结构特点,比较两种换热器总换热系数 $K$ 的大小,测定并比较不同换热器的性能,为开发新型换热器提供参考。

③比较列管换热器并、逆流时对总传热量大小的影响,测定流量改变对总传质系数的影响,并分析哪一侧流体是控制性热阻,如何强化换热过程。

### 5.6.2　实验基本原理

①冷空气-蒸汽的传热速率方程为:

$$Q = KA\Delta t_m \tag{5.30}$$

$$\Delta t_m = \frac{\Delta t_1 - \Delta t_2}{\ln \dfrac{\Delta t_1}{\Delta t_2}} \tag{5.31}$$

$$Q = q_v \rho c_p (t_2 - t_1) \tag{5.32}$$

式中　$Q$——单位时间内的传热量,W;

$A$——冷空气、蒸汽间的传热面积,$m^2$;

$\Delta t_m$——冷空气与蒸汽的对数平均温差,℃;

$K$——总传热系数,$W/(m^2 \cdot ℃)$;

$d$——换热器内管的内直径,m;

$L$——换热器长度,m;

$q_v$——冷空气流量,$m^3$;

$\rho, C_p$——分别为冷空气的密度$(kg/m^3)$和比热$[J/(kg \cdot ℃)]$;

$T$——换热器壳程蒸汽的温度,℃;

$t_1, t_2$——分别为冷空气进出换热器的温度,℃。

当在套管式间壁换热器中,环隙通以水蒸气,内管管内通以冷空气或水进行对流传热系数测定实验时,则由式(5.29)得内管内壁面与冷空气或水的对流传热系数:

$$\alpha_2 = \frac{m_2 c_{p2}(t_2 - t_1)}{A_2(t_w - t)_m} \tag{5.33}$$

实验中测定不锈钢管的壁温 $t_{w1}, t_{w2}$;冷空气或水的进出口温度 $t_1, t_2$;实验用紫铜管的长度 $l$、内径 $d_2$,$A_2 = \pi d_2 l$ 和冷流体的质量流量,即可计算 $\alpha_2$。

　　然而,直接测量固体壁面的温度,尤其管内壁的温度,实验技术难度大,而所测得的数据准确性差,将带来较大的实验误差。因此,通过测量相对较易测定的冷热流体温度来间接推算流体与固体壁面间的对流给热系数就成为人们广泛采用的一种实验研究手段。

$$K = \frac{m_2 c_{p2}(t_2 - t_1)}{A \Delta t_m} \tag{5.34}$$

　　实验通过测量冷空气流量 $Q$,冷空气进出换热器的温度 $t_1$, $t_2$,蒸汽在换热器内的温度 $T$,即可测定 $K$。

　　②蒸汽与冷空气的传热过程由蒸汽对外壁面的对流传热,间壁的固体传热导和内壁面对空气的对流传热 3 种传热组成,其总热阻为:

$$\frac{1}{K} = \frac{1}{\alpha_2} + R_{s2} + \frac{bd_2}{\lambda d_m} + R_{s1}\frac{d_2}{d_1} + \frac{d_2}{\alpha_1 d_1} \tag{5.35}$$

　　用本装置进行实验时,管内冷流体与管壁间的对流给热系数为几十到几百 [ W/($m^2$ · K)];而管外为蒸汽冷凝,冷凝给热系数 $\alpha_1$ 可达 $10^4$ W/($m^2$ · K),因此冷凝传热热阻 $d_2/(\alpha_1 d_1)$ 可忽略,同时蒸汽冷凝较为清洁,因此换热管外侧的污垢热阻 $R_{s1}$($d_2/d_1$) 也可忽略。实验中的传热元件材料采用 304 不锈钢,因此换热管壁的导热热阻 $bd_2/(\lambda d_m)$ 可忽略。若换热管内侧的污垢热阻 $R_{s2}$ 也忽略不计,则由式(5.34)得:

$$\alpha_2 \approx K \tag{5.36}$$

　　由此可见,被忽略的传热热阻与冷流体侧对流传热热阻比率越小,此法所得的准确性就越高。

　　③流体在圆形直管中强制对流时对管壁的给热系数关联为:

$$Nu = C' Re^m Pr^n \tag{5.37}$$

式中　$Nu$——努赛尔数, $Nu = \alpha d/k_1$;

　　　　$Re$——雷诺数, $Re = du\rho/\mu$;

　　　　$Pr$——普朗特数, $Pr = C_p u/k$;

　　　　$\rho$——冷空气的密度, $kg/m^3$;

　　　　$u$——冷空气在管内的流速, $m/s$;

　　　　$k$——冷空气的导热系数, W/($m^2$ · ℃)。

　　对冷空气而言,在较大温度范围内 $Pr$ 基本保持不变,取 $Pr = 0.7$,因流体被加热, $n = 0.4$ 即 $Pr$ 可视为常数,在式(5.37)两边取对数,即得到直线方程:

$$\lg\frac{Nu}{Pr^{0.4}} = \lg C' + m \lg Re \tag{5.38}$$

　　在对数坐标下作 $Re$ 和 $Nu$ 的关系是一条直线。拟合出此直线方程,即为 $Re$ 和 $Nu$ 的准数方程,找出直线斜率,即方程的指数 $m$,在直线上任取一点的函数值代入方程中,即可得到常熟 $C'$。

### 5.6.3　实验装置及流程

**1)实验装置示意图**

对空气-水蒸气传热实验装置示意图如图 5.9 所示。

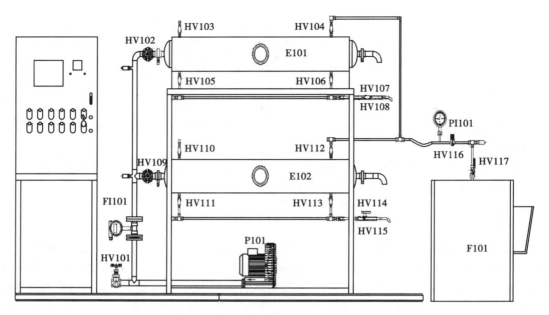

图 5.9　空气-水蒸气传热实验装置示意图

**2）实验装置流程**

来自蒸汽发生器 F101 的水蒸气进入换热器 E101 或 E102 的壳程，与来自风机 P101 的空气经气体涡轮流量计计量后在换热器内进行热交换，不凝气体和冷凝水进疏水阀排入冷凝液接收器内，经热交换后的空气排出装置外。

**3）实验设备与仪表**

空气-水蒸气传热实验装置参数见表 5.10。

表 5.10　空气-水蒸气传热实验装置参数表

| 序号 | 位 号 | 名 称 | 规 格 |
|------|-------|-------|-------|
| 1 | F101 | 蒸汽发生器 | 304 不锈钢，9 kW，20 L |
| 2 | E101 | 列管换热器 | $\phi$159 mm×1 300 mm，内置 12 根 $\phi$20 直管，壁厚 1.5 mm，材质为 304 不锈钢 |
| 3 | E102 | 螺旋管换热器 | $\phi$159 mm×1 300 mm，内置 $\phi$20 螺旋管 18 圈×2，壁厚 1.5 mm，材质为 304 不锈钢 |
| 4 | P101 | 风机 | HG-550-C，0.55 kW/380 V，流量 100 m³/h |
| 5 | FI101 | 空气流量 | DN25 涡街流量计，5~55 m³/h |
| 6 | PI101 | 蒸汽出口压力 | 抗震压力表，0~1.0 MPa |
| 7 | HV116 | 定值减压阀 | DN15 不锈钢定值减压阀，0~0.6 MPa |

### 5.6.4　实验方法及步骤

①打开控制面板上的总电源开关,再打开控制面板电源开关,初始状态为装置中所有阀门处于关闭。

②打开蒸汽发生器给水阀门,开启蒸汽发生器电源,此时蒸汽发生器给水泵开启向蒸汽发生器内加水,蒸汽发生器内水位达到中上部后,给水泵自动停止,蒸汽发生器处于加热状态。到达符合条件的蒸汽压力后,系统会自动停止加热而处于保温状态。

③然后利用壳体上的附设管线(放空管线和放净管线)排净不凝气体和积液。打开阀门HV103排除换热器内的不凝性气体,打开阀门 HV105、HV106、HV107 排净换热器内的积液,以免产生水击或气堵现象。再全部打开排气阀 HV103。

④先通入低温流体。全开阀门 HV101,在控制面板上开启风机电源开关,风机工作,同时打开列管换热器(或双螺旋换热器)冷流体进口阀 HV102,关小放空阀门 HV101,冷风经气体涡轮流量计计量后进入列管换热器管程。

⑤再缓慢地通入高温流体预热。当蒸汽发生器蒸汽达到一定压力后,开始通入蒸汽时,先打开阀门 HV104、HV117,再通过减压阀 HV116 调节进换热器的蒸汽压力,让蒸汽缓慢进入换热器中,预热换热器,不得少于 10 min,以免因温差过大,蒸汽急速地流入而造成热冲击。同时检查阀门 HV103、HV106、HV107 是否全开。至排气管有蒸汽放出时,关小排气阀HV103,冷凝水管有大量蒸汽喷出,则关闭或关小阀门 HV107。

⑥上述准备工作结束,系统也处于"热态"后,调节蒸汽减压阀 HV116,使蒸汽进口压力维持在 0.02 MPa,可通过调节蒸汽发生器出口蒸汽减压阀开度来实现。

⑦调节冷空气进口流量时,可通过调节鼓风机出口旁路阀门 HV101 开度来改变冷流体的流量到一定值,在每个流量条件下,均须待热交换过程稳定后方可记录实验数值,一般每个流量下至少应使热交换过程保持 15 min 方视为稳定;改变流量,记录不同流量下的实验数值。记录 6~8 组实验数据,可结束实验。

⑧上述步骤为逆流传热实验步骤,也可经阀门切换进行顺流实验操作。螺旋管换热器实验步骤与上述步骤相似,经阀门切换即可。

⑨实验结束处理,先关闭蒸汽发生器,全开阀门 HV117,将蒸汽发生器和管道压力排尽,再关闭 HV117 及 HV104;待系统逐渐冷却后关闭鼓风机电源,待冷凝水流尽,关闭冷凝水出口阀,关闭总电源。

### 5.6.5　实验注意事项

①实验前,务必打开蒸汽发生器给水阀,实验中随时观察蒸汽发生器液位。

②调节空气流量时,要做到心中有数,实验中要合理取点,以保证各数据点均匀。

③实验开始前,应将壳体上的附设管线(放空管线和放净管线)排空阀门打开,将换热器内的气体或积液排净,以免产生水击或气堵现象,然后全部打开排气阀。

④实验中应先通入低温流体,若低温流体是液体,则待液体充满换热器时,关闭放气阀。

⑤再缓慢地通入高温流体,以免由于温差过大,流体的急速流入而造成热冲击。

### 5.6.6 实验数据记录及处理

将实验所得数据填入实验数据记录表,见表 5.11。

**表 5.11 空气-水蒸气传热实验数据记录表**

姓名:_____ 同组者:_____ 班级:_____ 实验日期:_____

指导教师:_____ 加热管内径:_____ mm 加热管长度:_____ m

加热面积 $A$:_____ m$^2$ 加热管材料:_____

$Pr =$ _____ $Pr^{0.4} =$ _____ $C_p =$ _____ [J·(kg·℃$^{-1}$)]

| 序 号 \ 项 目 | 1 | 2 | 3 | 4 | 5 | 6 |
|---|---|---|---|---|---|---|
| 水蒸气压强/MPa | | | | | | |
| 空气进口温度 $t_1$/℃ | | | | | | |
| 空气出口温度 $t_2$/℃ | | | | | | |
| 空气进口处蒸汽温度 $T_1$/℃ | | | | | | |
| 空气出口处蒸汽温度 $T_2$/℃ | | | | | | |
| 空气流量 $V$/(m$^3$·h$^{-1}$) | | | | | | |
| 空气参数的计算 | | | | | | |
| 空气进口处密度 $\rho$/(kg·m$^{-3}$) | | | | | | |
| 空气质量流量 $m_{s2}$/(kg·s$^{-1}$) | | | | | | |
| 空气流速 $u$/(m·s$^{-1}$) | | | | | | |

### 5.6.7 实验报告中实验结果部分的要求

①绘制原始数据记录和处理表,将实验数据和计算结果列在表格中,并以其中一组数据为例写出详细计算过程。

②再对双对数坐标系中绘出 $Nu/Pr^{0.4}$—$Re$ 的关系曲线,求出 $Nu/Pr^{0.4} = ARe^m$ 关系式中 $A$ 和 $m$。

③整理出流体在圆形管内做强制湍流流动的对流传热系数半经验关联式,并与 $Nu = 0.023Re^{0.8}Pr^{0.4}$ 进行比较,分析实验中存在的误差。

④确定强化传热管准数关联式 $Nu = BRe^mPr^{0.4}$ 常数 $B$,$m$ 的值和强化比 $Nu/Nu_0$。

### 5.6.8　实验讨论

①实验中冷流体和蒸汽的流向对传热效果有何影响？

②在计算空气质量流量时所用到的密度值与求雷诺数时的密度值是否一致？它们分别表示什么位置的密度，应在什么条件下进行计算？

③实验过程中，冷凝水不及时排走，会产生什么影响？如何及时排走冷凝水？如果采用不同压强的蒸汽进行实验，对 $\alpha$ 关联式有何影响？

④设蒸汽冷凝传热膜系数 $\alpha_2 = 1.4 \times 10^4$ W/（$m^2 \cdot$ ℃），任选一组数据计算管内传热膜系数 $\alpha_1$，求管内、管壁和管外热阻及所占总热阻的百分比。并说明用总传热系数 $K$ 代替管内传热膜系数 $\alpha_1$ 是否合适。

# 5.7　精馏综合实验

### 5.7.1　实验任务及目的

①熟悉筛板和填料连续精馏塔的结构、工艺流程及操作方法，观测塔板上（填料层）的气、液接触状态，考察塔内液泛、漏液等现象对精馏操作的影响，并能处理精馏过程中出现的异常现象。

②了解连续精馏塔操作中可变因素对精馏塔性能的影响，学会板式精馏塔全塔效率、单板效率及填料精馏塔等板高度的测定方法，研究回流比对精馏塔分离效率的影响。

③了解塔釜液位、流量、回流比和电加热等自动控制的工作原理和操作方法。

④学会使用气相色谱仪或阿贝折光仪分析液体混合物的组成。

### 5.7.2　实验基本原理

精馏塔中第 $n$ 板的质量和热量衡算示意图如图 5.10 所示。

精馏是根据溶液中各组分挥发度（或沸点）的差异，利用回流将混合物分开的化工单元操作。根据精馏塔内构件的不同，可将精馏塔分为板式精馏塔和填料精馏塔。

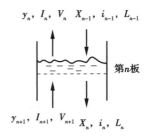

图 5.10　第 $n$ 板的质量和热量衡算示意图

在板式精馏塔中，塔板是气、液两相接触的场所。通过塔底的再沸器对塔釜液体加热使之沸腾汽化，上升的蒸汽穿过塔板上的孔道和板上液体接触进行传热传质。塔顶的蒸汽经冷凝器冷凝后，部分作为塔顶产品，部分冷凝液则回流返回塔内，这部分液体自上而下经过降液管流至下层塔板口，再横向流过整个塔板，经另一侧降液管流下。气、液两相在塔内呈现逆流，板上呈错流。评价塔板好坏一般考虑处理量、板效率、阻力降、操作弹性和结构等因素。工业上常用的塔板有筛板塔、浮阀塔板、泡罩塔板等。

塔板效率是反映塔板性能及操作好坏的主要指标,影响塔板效率的因素很多,如塔板结构、气液相流量和接触状况以及物性等诸多因素。表示塔板效率的方法常用单板效率和全塔效率。单板效率是评价塔板好坏的重要数据。对于不同板型,在实验时保持相同的体系和操作条件,对比它们的单板效率就可以确定其优劣。全塔效率反映全塔各塔板的平均分离效果,常用于板式塔设计中。单板效率和全塔效率的数值通常由实验测定。

在填料塔中,液体自塔上部进入,均匀喷洒在截面上,在填料层内液体沿填料表面呈膜状留下,气体自塔下部进入,通过填料缝隙中的自由空间从塔上部排出,气液两相在填料内进行逆流接触,填料上液膜表面为气液两相的主要传质表面,液体能否成膜与填料表面的湿润有关,因此争取选择填料与填料的表面处理有关。常用的填料有拉西环、鲍尔环、弧鞍形和矩鞍形填料。

回流是精馏操作得以实现的基础。塔顶的回流量与采出量之比,称为回流比。回流比是精馏操作的重要参数之一,它的大小影响着精馏操作的分离效果和能耗。回流比存在着两种极限情况——最小回流比和全回流。若塔在最小回流比下操作,要完成分离任务,则需要有无穷多块塔板的精馏塔。当然,这不符合工业实际,所以最小同流比只是一个操作限度。若操作处于全回流时,既无任何产品采出、也无原料加入。塔顶的冷凝液全部返回塔中,这在生产中毫无意义。但是,由于此时所需理论板数最少,又易于达到稳定,故常在工业装置的开停车、排除故障及科学研究时采用。

(1)全塔效率

全塔效率又称总板效率,是指达到预定分离效果所需理论塔板数与实际塔板数的比值,即:

$$E_T = \frac{N_T - 1}{N_P} \times 100\% \tag{5.39}$$

式中　$E_T$——全塔效率;

　　　$N_T$——理论板数(包括塔釜再沸器);

　　　$N_P$——实际塔板数。

理论塔板数的求取有两种方法:逐板计算法和作图法。在全回流操作下,只要测定塔顶流出液组成 $x_D$ 和塔釜组成 $x_W$,即可根据双组分物系的相平衡关系在 $y$-$x$ 图上通过图解法求得理论塔板数 $N_T$,而塔内实际板数已知,根据式(5.39)可求得 $E_T$。

在部分回流条件下,理论板数 $N_T$ 由已知的双组分物系平衡关系,通过实验测得塔顶产品组成 $x_D$、进料组成 $x_F$、回流比 $R$,进料温度 $t_F$ 等得出精馏段操作线方程及 $q$ 线方程,根据塔釜组成 $x_W$ 确定提馏段操作线方程,利用图解法计算求得。

精馏段操作线方程:

$$y_{n+1} = \frac{R}{R+1}x_n + \frac{x_D}{R+1} \tag{5.40}$$

$q$ 线方程:

$$y_{n+1} = \frac{R}{R+1}x_n + \frac{x_D}{R+1} \quad y = \frac{q}{q-1}x - \frac{x_F}{q-1} \tag{5.41}$$

$$q = \frac{C_{pm}(t_S - t_F) + r_m}{r_m} \tag{5.42}$$

$$C_{pm} = C_{p1}M_1x_F + C_{p2}M_2(1 - x_F) \tag{5.43}$$

$$r_m = r_1M_1x_F + r_2M_2(1 - x_F) \tag{5.44}$$

式中　$t_F$——进料温度,℃;

　　　$t_S$——进料液的泡点温度,℃;

　　　$C_{pm}$——进料的平均摩尔比热容,kJ/(kmol·℃);

　　　$r_{pm}$——进料的平均摩尔汽化焓,kJ/kmol;

　　　$C_{p1}, C_{p2}$——分别为乙醇和水的比热容,kJ/(kg·℃);

　　　$r_1, r_2$——分别为乙醇和水的汽化焓,kJ/kg;

　　　$M_1, M_2$——分别为乙醇和水的摩尔质量,kg/kmol。

（2）等板高度 HETP

对填料塔而言,等板高度 HETP 又称当量高度,表示分离效果相当于一块理论板的填料层高度,其公式为:

$$HETP = \frac{Z}{N_T} \tag{5.45}$$

式中　$Z$——填料层高度;

　　　$N_T$——理论板数。

等板高度是指与一层理论板塔板的传质作用相当的填料层高度。它的大小取决于填料的类型、材质与尺寸,受系统物性、操作条件及塔设备尺寸影响,一般由实验测定。对于双组分物系,根据平衡关系、通过实验测得的塔顶产品组成 $x_D$、进料组成 $x_F$、釜液组成 $x_W$、回流比 $R$、进料热状况、填料层高度等有关参数,用图解法求得理论塔板数后,即可算出 HETP。

### 5.7.3　实验装置及流程

**1）实验装置示意图**

本实验装置如图 5.11 所示。本实验装置的主体设备是筛板精馏塔,配套的有进料系统、回流系统、产品出料系统、残液出料系统、冷却系统及真空系统。

**2）实验装置流程**

原料液（乙醇-水,乙醇质量百分数 15% ~ 25%）从原料罐 V101 经进料泵 P101、预热器 V107 进入精馏塔 T101 内,塔釜内液体由电加热器加热产生蒸汽逐板（填料）上升,经与塔板（或填料）上的液体传质后,进入塔顶冷凝器 E101 管程,壳程的冷却水将蒸气全部冷凝成液体,进入回流罐 V103 中,由 P102 回流采出泵将塔顶馏出液一部分输送至塔顶回流,一部分进入 V105 塔顶产品罐中;塔釜残液经塔底冷凝器 E102 冷却后,经塔底 P103 采出泵输送至 V104 塔底产品罐中。

**3）实验设备与仪表**

精馏综合实验装置主要技术参数见表 5.12。

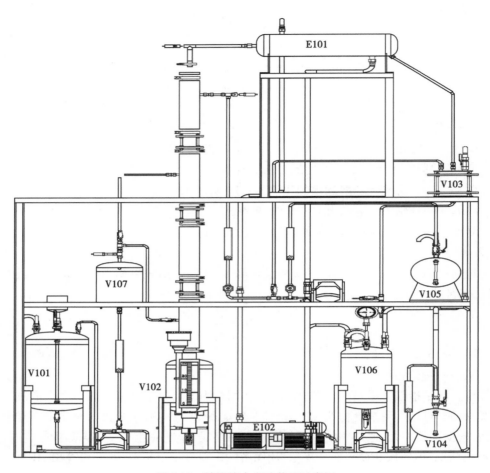

图 5.11　精馏综合实验装置示意图

表 5.12　精馏综合实验装置主要技术参数表

| 序号 | 位　号 | 名　　称 | 规　　格 |
|---|---|---|---|
| 1 | V101 | 原料罐 | $\phi$273 mm×400 mm 立罐 |
| 2 | V102 | 塔体再沸器 | $\phi$133 mm×350 mm,带 2 根 1.5 kW 电加热棒 |
| 3 | V103 | 回流罐 | 高硼硅玻璃,$\phi$133 mm×150 mm |
| 4 | V104 | 塔底产品罐 | $\phi$219 mm×300 mm 卧罐 |
| 5 | V105 | 塔顶产品罐 | $\phi$219 mm×300 mm 卧罐 |
| 6 | V106 | 真空缓冲罐 | $\phi$219 mm×300 mm 立罐 |
| 7 | V107 | 预热器 | $\phi$108 mm×200 mm,内置 1 kW 电加热棒 |
| 8 | E101 | 塔顶冷凝器 | $\phi$159 mm×500 mm,内置 16 根 $\phi$19 管 |

| 序号 | 位　号 | 名　　称 | 规　格 |
|---|---|---|---|
| 9 | E102 | 塔底冷凝器 | $\phi 76$ mm×400 mm,内置 8 根 $\phi 14$ 管 |
| 10 | T101 | 精馏塔 | 塔体 $\phi 59$ mm×2 000 mm。填料规格: $\theta$ 环 5 mm×5 mm,筛板塔板间距 100 mm,塔板数 15 块,孔径筛板 2.0 mm,降液管 $\phi 8$ mm×1.5 mm |
| 11 | P101 | 进料泵 | 0~100 L/h 蠕动泵 YZ15 系列,17#软管 |
| 12 | P102 | 回流采出泵 | 0~100 L/h 蠕动泵 YZ15 系列,17#软管 |
| 13 | P103 | 塔底采出泵 | 0~100 L/h 蠕动泵 YZ15 系列,17#软管 |
| 14 | P104 | 真空泵 | 220 V,250 W,抽气量 2 L/s |
| 15 | P105 | 循环水泵 | CHL2-30,380 V/370 W,2 m³/h,扬程 22 m |

### 5.7.4　实验方法及步骤

**1)实验前检查准备工作**

①将与阿贝折光仪配套使用的超级恒温水浴调整运行到所需的温度,并记录这个温度;将取样用注射器和擦镜纸备好。

②检查实验装置上的所有阀门均应处于关闭状态。

③配制一定浓度(质量浓度 20%左右)的乙醇-水混合液,打开原料罐放空阀和加料漏斗下部阀门从加料漏斗处倒入原料罐中。

④打开总电源开关和控制柜电源开关。

⑤打开进料泵进、出口阀门、精料塔进料阀门、玻璃转子流量计旋钮阀门,然后在控制柜上打开进料泵开关,现场启动蠕动泵并设置转速,向精馏塔塔釜内加料到指定高度(冷液面在塔釜总高 2/3 处),而后关闭进料泵和进料阀门。

⑥自来水连接软管,将循环水槽备满水。

**2)实验操作**

(1)全回流操作

①在控制柜上打开精馏塔塔釜加热电源开关,塔釜自动加热。观察塔釜温度变化,稳定几分钟再继续升高加热温度,使塔内维持正常操作。

②继续观察温度变化情况,待塔釜 TT104 温度开始上升时,打开循环水泵进口阀门,在控制柜上打开循环水泵电源开关,打开循环水泵出口阀门,控制循环水量在 100 L/h 即可,视塔顶温度变化调节。

③观察塔顶温度变化和回流罐冷凝液情况,待回流罐中有一半以上冷凝液时,在控制柜上打开回流泵电源开关,打开回流泵进口阀门和出口回流管线玻璃转子流量计阀门,启动蠕动泵,并设置转速(转速大小视回流罐中冷凝液调节),开始全回流操作。

④当塔顶温度稳定后,保持加热釜功率不变,在全回流情况下稳定 20 min 左右。期间要随时观察塔内传质情况直至操作稳定。然后分别在塔顶、塔釜取样口用 50 mL 锥形瓶同时取样,通过阿贝折光仪分析样品浓度。

(2)部分回流操作

①全回流操作一定时间后,进行部分回流操作,现场打开塔顶采出流量计旋钮阀门和进塔顶产品罐现场手阀。

②在控制柜面板上打开回流比控制器电源开关,并在时间继电器上手动设置回流比为 $R$,这样,塔顶产品在回流比控制器的作用下,一部分馏出液进行回流,另一部分馏出液收集在塔顶产品罐中。

③打开精馏塔上部进料阀门和进料泵进、出口阀门,在控制柜上打开进料泵电源开关,现场启动进料泵,调节转子流量计,以 10 L/h 左右的流量向塔内加料,在控制柜上打开预热器加热电源开关。

④打开塔釜出料阀门,和塔釜出料泵进、出口阀门和玻璃转子流量计旋钮阀门,启动塔釜出料泵,视塔釜再沸器液位调节合适转速出料,塔釜产品经冷却后由塔釜采出泵收集在塔底产品罐中。

⑤待操作稳定后,观察塔板上传质状况,记录塔釜温度、塔顶温度、进料流量等有关数据,整个操作中维持进料流量计读数不变,分别在塔顶、塔釜和进料 3 处取样,用阿贝折光仪分析其浓度并记录下进塔原料液的温度。

⑥记录好实验数据并检查无误后可停止实验,此时停进料泵关闭进料阀门和加热开关,关闭回流比调节器开关,待回流罐液位快没有时停回流泵,停塔釜采出泵和关闭塔釜出料阀门。

⑦停止加热后 20 min 再关闭冷却水出口阀门及停冷却水循环泵,一切复原。根据物系的 $t$-$x$-$y$ 关系,确定部分回流下进料的泡点温度并进行数据处理。

### 5.7.5 实验注意事项

①由于实验所用物系属易燃物品,所以实验中要特别注意安全,操作过程中避免洒落以免发生危险。

②本实验设备加热功率由仪表自动调节,注意控制加热升温要缓慢,以免发生爆沸(过冷沸腾)使釜液从塔顶冲出。若出现此现象应立即断电,重新操作。升温和正常操作过程中釜的电功率不能过大。

③进料时塔釜液位不得低于 120 mm;再向塔釜供热,停车时操作反之。本实验装置设有连锁,液位低于 120 mm 停止加热。

④为便于对全回流和部分回流的实验结果(塔顶产品质量)进行比较,应尽量使两组实验的加热电压及所用料液浓度相同或相近。连续开出实验时,应将前一次实验时留存在塔釜、塔顶、塔底产品接收器内的料液倒回原料液储罐中循环使用。

⑤实验完毕后,停止加料,关闭塔釜加热,待一段时间后关闭冷却水,切断电源,清理现场。

### 5.7.6　实验数据记录及处理

将实验数据填入原始数据记录及处理表,见表 5.13。

**表 5.13　精馏实验原始数据记录及处理表**

姓名:＿＿＿＿＿　　同组者:＿＿＿＿＿　　班级:＿＿＿＿＿　　实验日期:＿＿＿＿＿

指导教师:＿＿＿＿＿　　填料层高度:＿＿＿＿＿ mm　　筛板塔高度:＿＿＿＿＿ mm

| | 全回流 | | 部分回流 | |
|---|---|---|---|---|
| 原始实验数据记录 | 进料液组成 $x_m$ | | 进料液组成 $x_m$ | |
| | 馏出液组成 $x_m$ | | 馏出液组成 $x_m$ | |
| | 釜液组成 $x_m$ | | 釜液组成 $x_m$ | |
| | 塔顶温度/℃ | | 塔顶温度/℃ | |
| | 塔釜温度/℃ | | 塔釜温度/℃ | |
| | | | 进料温度/℃ | |
| | | | 进料流量 | |
| | | | 回流比 $R$ | |
| 实验数据处理结果 | 进料液组成 $x_F$ | | 进料液组成 $x_F$ | |
| | 馏出液组成 $x_D$ | | 馏出液组成 $x_D$ | |
| | 釜液组成 $x_W$ | | 釜液组成 $x_W$ | |
| | 理论板数 | | 理论板数 | |
| | $q$ 值 | | $q$ 值 | |
| | 理论加料板位置 | | 理论加料板位置 | |
| | 实际加料板位置 | | 实际加料板位置 | |
| | 全塔效率 | | 全塔效率 | |
| | 等板高度 | | 等板高度 | |

### 5.7.7　实验报告中实验结果部分的要求

①绘制原始数据记录及处理表,将实验数据和计算结果列在表格中,并以其中一组数据为例写出详细计算过程。

②在直角坐标上绘制 $y$-$x$ 图,用图解法求出理论板数。

③计算全回流条件下的全塔效率、操作弹性或者填料塔的等板高度。

④计算部分回流条件下的全塔效率或等板高度。

⑤分析回流比对精馏过程的影响。

### 5.7.8　实验讨论

①什么是全回流？全回流操作有哪些特点？在生产中有什么实际意义？

②根据实验装置，如何确定回流比？

③分析影响塔板效率的因素有哪些？

④全回流在精馏塔操作中有何实际意义？

⑤影响精馏塔操作稳定性的因素有哪些？如何判定精馏塔内的气液已达稳定。

# 5.8　气体吸收综合实验

### 5.8.1　实验任务与目的

①了解填料吸收塔的结构、性能和特点，练习并掌握填料塔操作方法；通过实验测定数据的处理分析，加深对填料塔流体力学性能基本理论的理解，加深对填料塔传质性能理论的理解。

②掌握填料塔内流体流动状况，测定塔压降与空塔气速的关系曲线，确定填料塔的液泛速度。

③掌握填料吸收塔传质能力和传质效率的测定方法，练习对实验数据的处理分析。

### 5.8.2　实验基本原理

测定填料层压强降与操作气速的关系。确定在一定液体喷淋量下的液泛气速。压强降是塔设计中的重要参数，气体通过填料层压强降的大小决定了塔的动力消耗。压强降与气、液流量均有关，不同液体喷淋量下填料层的压强降 $\Delta P$ 与气速 $u$ 的关系如图 5.12 所示。

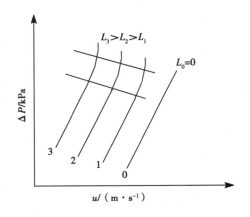

图 5.12　填料层的 $\Delta P \sim u$ 关系

当液体喷淋量 $L_0 = 0$ 时，干填料的 $\Delta P \sim u$ 的关系是直线，如图中的直线 0。当有一定的喷淋量时，$\Delta P \sim u$ 的关系变成折线，并存在两个转折点，下转折点称为"载点"，上转折点称为"泛点"。这两个转折点将 $\Delta P \sim u$ 关系分为 3 个区段，即恒持液量区、载液区及液泛区。

传质系数是反映填料塔传质性能的主要参数之一，影响传质系数的因素很多，对不同系统和不同吸收设备，传质系数各不相同。吸收系数是决定吸收过程速率高低的重要参数，实验测定可获取吸收系数。对于相同的物系及一定的设备(填料类型与尺寸),吸收系数随着操作条件及气液接触状况的不同而变化。工程上往往用实验测定传质系数作为放大设计吸收设备的依据。

本实验采用固定液相流量和入塔混合气二氧化碳的浓度,在液泛速度下,取两个相差较大的气相流量,分别测量塔的传质能力(传质单元数和回收率)和传质效率(传质单元高度和体积吸收总系数)。常压下二氧化碳在水中的溶解度比较小,用水吸收二氧化碳的操作是液膜控制的吸收过程,所以在低浓度吸收时填料层高度可用以下公式计算:

$$Z = \frac{L}{K_{Xa} \cdot \Omega} \int_{X_2}^{X_1} \frac{\mathrm{d}X}{X^* - X} \tag{5.46}$$

当气液平衡关系符合亨利定律时,式(5.46)可整理为:

$$K_{Xa} = \frac{L}{Z \cdot \Omega} \cdot \frac{X_1 - X_2}{\Delta X_m} \tag{5.47}$$

$$\Delta X_m = \frac{\Delta X_1 - \Delta X_2}{\ln \dfrac{\Delta X_1}{\Delta X_2}} = \frac{(X_1^* - X_1) - (X_2^* - X_2)}{\ln \dfrac{X_1^* - X_1}{X_2^* - X_2}} \tag{5.48}$$

式中　$L$——吸收剂用量,kmol/h;

$\Omega$——填料塔截面积,$m^2$;

$K_{Xa}$——液相体积传质系数,$kmol/(m^3 \cdot h \cdot \Delta X_m)$;

$Z$——填料层高度,m;

$X_1$、$X_2$——塔底、塔顶液相中二氧化碳比摩尔分率;

$X_1^*$——与塔底气相浓度平衡时塔底液相中二氧化碳比摩尔分率;

$X_2^*$——与塔顶气相浓度平衡时塔顶液相中二氧化碳比摩尔分率。

对水吸收二氧化碳空气混合气中二氧化碳的体系,平衡关系服从亨利定律,平衡时气相浓度与液相浓度的相平衡关系近视的认为:

$$X^* = \frac{Y}{m} \tag{5.49}$$

$$m = \frac{E}{P} \tag{5.50}$$

$$Y = \frac{y}{1 - y} \tag{5.51}$$

式中　$Y$——塔内任一截面气相中二氧化碳浓度比摩尔分率表示;

$y$——塔内任一截面气相中二氧化碳浓度比摩尔分率表示;

$X^*$——与气相浓度平衡时的液相二氧化碳比摩尔分率;

$m$——相平衡系数;

$E$——亨利系数,MPa;

$P$——混合气体总压,近似为大气压,MPa。

通过测定物性参数水温和大气压确定亨利常数,只要同时测取二氧化碳—空气混合气进出填料吸收塔的二氧化碳的含量,即可获得与气相平衡时液相二氧化碳的浓度。

清水时吸收剂,从塔顶喷淋到填料层上,所以塔顶液相中二氧化碳浓度 $X_2 = 0$,可根据吸收塔物料衡算式求取塔底液相中的二氧化碳浓度;

$$V(Y_1 - Y_2) = L(X_1 - X_2) \tag{5.52}$$

$$X_1 = \frac{V}{L}(Y_1 - Y_2) \tag{5.53}$$

式中　$V$——惰性空气流量,kmol/h;

　　　$Y_1,Y_2$——塔底、塔顶气相中二氧化碳比摩尔分率。

### 5.8.3　实验装置及流程

**1)实验装置示意图**

实验装置图如图 5.13 所示。

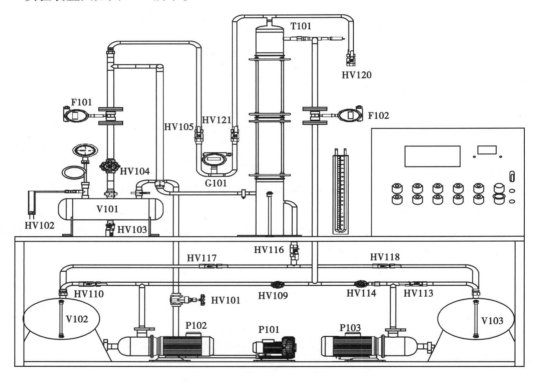

图 5.13　气体吸收综合实验装置示意图

**2)实验装置流程**

鼓风机出来的空气与来自钢瓶的二氧化碳气体混合后,通过孔板流量计计量后进入吸收塔底部。吸收剂水经电磁流量计计量后进入吸收塔顶部,通过莲花分布器喷洒在填料层,与上升的混合气体逆流接触,进行传质吸收,吸收后的尾气从塔顶排出,吸收后的液体由塔底液封装置后排出。

### 3) 实验设备与仪表

气体吸收综合实验装置主要技术参数见表 5.14。

表 5.14　气体吸收综合实验装置主要技术参数表

| 序号 | 位　号 | 名　称 | 规　格 |
|---|---|---|---|
| 1 | G101 | $CO_2$ 在线检测分析仪 | 485 通信,0~10 000 ppm |
| 2 | V101 | 气体混合器 | $\phi$159 mm×300 mm,卧式 |
| 3 | V102 | 解析液储罐 | $\phi$377 mm×450 mm×2 mm,容积 50 L,工作压力 0.1 MPa |
| 4 | V103 | 吸收液储罐 | $\phi$377 mm×450 mm×2 mm,容积 50 L,工作压力 0.1 MPa |
| 5 | T101 | 填料吸收塔 | 塔径 $\phi$100 mm,塔高 1.5 m,莲花喷头,液体再分布器,填料支撑板。填料规格:陶瓷,分布板开孔率 90%。填料层高度 $Z=1.20$ m |
| 6 | P101 | 风机 | 最大风压 12 kPa,最大流量 35 m³/h,功率 250 W |
| 7 | P102 | 解析泵 | 型号 CHL4-20,额定流量 4 m³/h,扬程 15 m,电压 380 V,功率 0.37 kW |
| 8 | P103 | 吸收泵 | 型号 CHL4-20,额定流量 4 m³/h,扬程 15 m,电压 380 V,功率 0.37 kW |

### 5.8.4　实验方法及步骤

#### 1) 实验前准备

将吸收液储罐备满水,打开总电源开关和装置电柜电源开关,启动组态软件,将现场所有阀门确认关闭。

#### 2) 测量吸收塔干填料层 $(\Delta P/Z)\sim u$ 关系曲线

打开鼓风机出口调节阀 HV101 至全开,启动风机。缓慢打开吸收塔进气调节阀 HV104,调节其阀门开度来控制进塔的空气流量,注意观察塔压差变化,全开吸收塔塔顶气体出口阀门 HV120,稳定后读取填料层压降 $\Delta P$ 即 U 形管液柱压差计的数值和孔板流量计读数,然后调节气体进口阀 HV104 改变空气流量,空气流量从小到大共测定 8~10 组数据。注意塔底液封装置内液位,防止空气从液封装置内流出。

#### 3) 测量吸收塔在喷淋量下填料层 $(\Delta P/Z)\sim u$ 关系曲线

打开吸收泵进口阀门和吸收液储罐的进料阀门,先将吸收泵进行灌泵排气,在控制柜上开启吸收泵 P103,然后再打开出口阀门 HV114,将水流量固定在 200 L/h(水流量大小可因设备调整),注意观察吸收塔液位,全开阀门 HV116,HV118,以避免空气从液封装置流出或液体进入气体的入塔管路。用进气调节阀调节 HV104 空气流量,使流量从小到大,每调一次风量,测定一次填料塔压降 $\Delta P$,孔板流量计读数,共测定 8~10 组数据,可绘制出在湿填料操作时,气速 $u$ 与填料塔压降 $\Delta P$ 的关系曲线。在操作过程中,注意随时观察塔内现象,一旦出现液泛,立即记下对应空气转子流量计读数。并在关系曲线图上确定液泛气速,与观察到的液泛气速相比较看是否吻合。

**4) 二氧化碳吸收传质系数测定**

①关闭阀门 HV118,打开阀门 HV117,吸收塔塔底液体进入 V102 中。

②调节出口阀门 HV114,将水经电磁流量计计量后进入吸收塔中,水流量控制在 200 L/h 左右。

③检查二氧化碳减压阀,确保其处于关闭状态。开启二氧化碳钢瓶阀门,调节二氧化碳减压阀,使二氧化碳出口压力表维持在 0.4 MPa 左右,二氧化碳气体通过二氧化碳转子流量计计量后进入气体混合器与空气混合,根据混合器压力适当调节阀门 HV103 的开度,调节 HV104 后混合气体进入吸收塔底部。二氧化碳流量控制在 1.5 L/min 左右。稳定 5 min 后,然后打开 HV105,混合气体进入 $CO_2$ 在线分析仪,稳定后再读取数据。读数完毕后,关闭阀门 HV105,向吸收塔通入混合气。

④吸收过程进行时要注意观察吸收塔液位情况,不要出现液泛,稳定 15 min 后,打开阀门 HV121,关闭阀门 HV120,并观察进水流量和混合气流量是否稳定。

⑤操作达到稳定状态之后,直接从 $CO_2$ 在线检测分析仪读取塔顶出口气体中 $CO_2$ 的含量,在控制屏上直接读取塔底的水温,同时取样,测定塔底溶液中二氧化碳的含量(实验时注意吸收塔水流量计和混合气流量计读数要稳定,并注意吸收水箱 V103 和解析液水箱 V102 中的液位)。

⑥塔底溶液取样步骤:准备好锥形瓶,打开解析液储罐底部阀门 HV119,用锥形瓶接收 50 mL 量即可。

⑦二氧化碳含量测定:用移液管吸取 0.1 mol/L 的 Ba(OH)$_2$ 溶液 10 mL 放入锥形瓶中,并从塔底附设的取样口处接收塔底溶液 10 mL,用胶塞塞好振荡,溶液中加入 2~3 滴酚酞指示剂摇匀,用 0.1 mol/L 的盐酸滴定到粉红色消失即为终点。

按式(5.54)计算得出溶液中二氧化碳浓度:

$$C_{CO_2} = \frac{2C_{Ba(OH)_2}V_{Ba(OH)_2} - C_{HCl}V_{HCl}}{2V_{溶液}} \tag{5.54}$$

⑧所有试验记录完毕后,经指导教师同意,检查并关闭二氧化碳、空气调节阀及水流量调节阀,关闭风机,关闭二氧化碳液化气钢瓶,关闭仪表电源。

### 5.8.5　实验注意事项

①开启 $CO_2$ 总阀门前,要先关闭减压阀,阀门开度不宜过大。

②实验中要注意保持吸收塔液位在合理范围内,并随时关注水箱中的液位。

③分析 $CO_2$ 浓度操作时动作要迅速,以免 $CO_2$ 从液体中溢出导致结果不准确。

④在吸收塔的操作过程中,一定是先加入吸收剂,再通入气体。实验完毕后,应该先关闭气体进口阀,最后再停止通入吸收剂。

### 5.8.6　实验数据记录及处理

将实验所得数据填入实验数据记录及处理表,见表5.15、表5.16。

#### 表 5.15　气体吸收综合实验原始记录表

姓名:_____　　同组者:_____　班级:_____　实验日期:_____

指导教师:_____　填料层高度 Z:_____ mm　塔径 D:_____ mm

| 序号 | 填料层压强差 /mmH$_2$O | 单位高度填料层压强 /(mmH$_2$O·m$^{-1}$) | 空气流量计读数 /(m$^3$·h$^{-1}$) | 空塔气速 /(m·s$^{-1}$) | 操作现象 |
|---|---|---|---|---|---|
| \multicolumn{6}{c}{$L=$} |
| 1 | | | | | |
| 2 | | | | | |
| 3 | | | | | |
| 4 | | | | | |
| 5 | | | | | |
| 6 | | | | | |
| 7 | | | | | |
| 8 | | | | | |
| \multicolumn{6}{c}{$L=$} |
| 1 | | | | | |
| 2 | | | | | |
| 3 | | | | | |
| 4 | | | | | |
| 5 | | | | | |
| 6 | | | | | |
| 7 | | | | | |
| 8 | | | | | |
| \multicolumn{6}{c}{$L=$} |

续表

| 序号 | 填料层压强差 /mmH$_2$O | 单位高度填料层压强 /(mmH$_2$O·m$^{-1}$) | 空气流量计读数 /(m$^3$·h$^{-1}$) | 空塔气速 /(m·s$^{-1}$) | 操作现象 |
|---|---|---|---|---|---|
| 1 | | | | | |
| 2 | | | | | |
| 3 | | | | | |
| 4 | | | | | |
| 5 | | | | | |
| 6 | | | | | |
| 7 | | | | | |
| 8 | | | | | |

表 5.16　气体吸收综合实验记录处理表

| 被吸收的气体:CO$_2$　　吸收剂:纯水　　塔内径: | |
|---|---|
| 填料种类 | 陶瓷拉西环 |
| 填料尺寸/mm | |
| 填料层高度/m | |
| 空气转子流量计读数/(m$^3$·h$^{-1}$) | |
| CO$_2$转子流量计处温度/℃ | |
| 流量计处 CO$_2$ 的体积流量/(m$^3$·h$^{-1}$) | |
| 水流量 | |
| 中和 CO$_2$ 用 Ba(OH)$_2$ 的浓度/(mol·L$^{-1}$) | |
| 中和 CO$_2$ 用 Ba(OH)$_2$ 的体积/mL | |
| 滴定用盐酸的浓度/(mol·L$^{-1}$) | |
| 滴定塔底吸收液用盐酸的体积/mL | |
| 滴定空白液用盐酸的体积/mL | |

续表

| 填料种类 | 陶瓷拉西环 |
|---|---|
| 样品的体积/mL | |
| 塔底液相的温度/℃ | |
| 亨利常数 $E \times 10^8$ Pa | |
| 塔底液相浓度 $C_{A1}$/(kmol · m$^{-3}$) | |
| 空白液相浓度 $C_{A2}$/(kmol · m$^{-3}$) | |
| 传质单元高度 | |
| $y_1$ | |
| 平衡浓度 $C_{A1}^* 10^{-2}$/(kmol · m$^{-2}$) | |
| $C_{A1}^* - C_{A1}$ | |
| $y_2$ | |
| 平衡浓度 $C_{A2}^* 10^{-2}$/(kmol · m$^{-3}$) | |
| 平均推动力 $\Delta C_{Am}$/(kmolCO$_2$ · m$^{-2}$) | |
| 液相体积传质系数 $K_{Ya}$/(m · s$^{-1}$) | |
| 吸收率 | |

### 5.8.7　实验报告中实验结果部分的要求

①绘制原始记录及处理表,将实验数据和计算结果列在表中,并以其中一组数据为例写出详细计算过程。

②计算并确定干填料及一定喷淋量下的湿填料在不同空塔气速 $u$ 下,与其相应单位填料高度压降 $\Delta P/Z$ 的关系曲线,并在双对数坐标系中作图,找出泛点与载点。

③计算实验条件下(一定喷淋量、一定空塔气速)的液相总体积传质系数 $K_{Xa}$ 值及液相总传质单元高度 $H_{OL}$ 值,并对实验结果进行分析、讨论。

### 5.8.8　实验讨论

①测定 $K_{Xa}$ 有什么工程意义？为什么二氧化碳吸收属于液膜控制？

②何为持液量？持液量的大小对传质性能有何影响？在喷淋密度达到一定数值后，气体流量如何影响持液量。

③液泛的特征是什么？如何确定液泛气速？

# 5.9　流化床干燥综合实验

### 5.9.1　实验任务与目的

①了解流化床干燥装置的基本结构、工艺流程和操作方法。

②学习测定物料在恒定干燥条件下干燥特性的实验方法。

③掌握根据实验干燥曲线求取干燥速率曲线以及恒速阶段干燥速率、临界含水量、平衡含水量的实验分析方法。

④实验研究干燥条件对干燥过程特性的影响。

### 5.9.2　实验基本原理

在设计干燥器的尺寸或确定干燥器的生产能力时，被干燥物料在给定干燥条件下的干燥速率、临界湿含量和平衡湿含量等干燥特性数据是最基本的技术依据参数。由于实际生产中被干燥物料的性质千变万化，因此对于大多数具体的被干燥物料而言，其干燥特性数据通常需要通过实验测定而取得。

按干燥过程中空气状态参数是否变化，可将干燥过程分为恒定干燥条件操作和非恒定干燥条件操作两大类。若用大量空气干燥少量物料，则可以认为湿空气在干燥过程中温度、湿度均不变，再加上气流速度以及气流与物料的接触方式不变，则称这种操作为恒定干燥条件下的干燥操作。

#### 1) 干燥速率的定义

干燥速率定义为单位干燥面积（提供湿份汽化的面积）、单位时间内所除去的湿份质量，即：

$$U = \frac{\mathrm{d}W}{A\mathrm{d}\tau} = -\frac{G_c\mathrm{d}X}{A\mathrm{d}\tau} \tag{5.55}$$

式中　$U$——干燥速率，又称干燥通量，$kg/(m^2 \cdot s)$；

　　　$A$——干燥表面积，$m^2$；

　　　$W$——汽化的湿分量，$kg$；

　　　$\tau$——干燥时间，$s$；

　　　$G_c$——绝干物料的质量，$kg$；

$X$——物料湿含量,kg 湿份/kg 干物料,负号表示 $X$ 随干燥时间的增加而减少。

**2)干燥速率的测定方法**

（1）方法一

①开启电子天平,待用。

②开启快速水分测定仪,待用。

③将 0.5~1 kg 的湿物料(如取 0.5~1 kg 的绿豆放入 60~70 ℃的热水中泡 30 min,取出,并用干毛巾吸干表面水分),待用。

④开启风机,调节风量至 40~60 m³/h,打开加热器加热。待热风温度恒定后(通常可设定在 70~80 ℃),将湿物料加入流化床中,开始计时,每过 4 min 取出 10 g 左右的物料,同时读取床层温度。将取出的湿物料在快速水分测定仪中测定,得初始质量 $G_i$ 和终了质量 $G_{ic}$。则物料中瞬间含水率 $X_i$ 为:

$$X_i = \frac{G_i - G_{ic}}{G_{ic}} \times 100\% \tag{5.56}$$

（2）方法二

利用床层的压降来测定干燥过程的失水量,数字化实验设备可用此法。

①将 0.5~1 kg 的湿物料(如取 0.5~1 kg 的绿豆放入 60~70 ℃的热水中泡 30 min,取出,并用干毛巾吸干表面水分),待用。

②开启风机,调节风量至 40~60 m³/h,打开加热器加热。待热风温度恒定后(通常可设定在 70~80 ℃),将湿物料加入流化床中,开始计时,此时床层的压差将随时间减小,实验至床层压差($\Delta P_e$)恒定为止。则物料中瞬间含水率 $X_i$ 为:

$$X_i = \frac{\Delta p - \Delta p_e}{\Delta p_e} \times 100\% \tag{5.57}$$

式中　$\Delta P$——时刻 $\tau$ 时床层的压差。

计算出每一时刻的瞬间含水率 $X_i$,然后将 $X_i$ 对干燥时间 $\tau_i$ 作图,如图 5.14,即为干燥曲线。

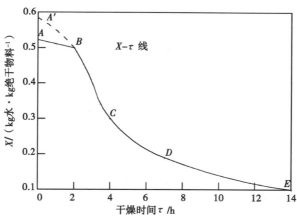

图 5.14　恒定干燥条件下的干燥曲线

图 5.14 中干燥曲线还可以变换得到干燥速率曲线。由已测得的干燥曲线求出不同 $X_i$ 下的斜率 $\mathrm{d}X_i/\mathrm{d}\tau_i$，再由式（5.55）计算得到干燥速率 $U$，将 $U$ 对 $X$ 作图，就是干燥速率曲线，如图 5.15 所示。

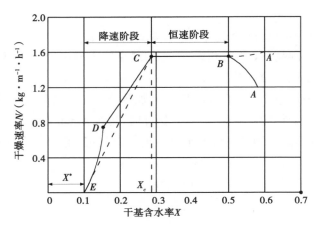

图 5.15　恒定干燥条件下的干燥速率曲线

将床层的温度对时间作图，可得床层的温度与干燥时间的关系曲线。

### 3）干燥过程分析

（1）预热段

见图 5.14 和图 5.15 中的 $AB$ 段或 $AB'$ 段。物料在预热段中，含水率略有下降，温度则升至湿球温度 $t_w$，干燥速率可能呈上升趋势，也可能呈下降趋势。预热段经历的时间很短，通常在干燥计算中可忽略不计，有些干燥过程甚至没有预热段。

（2）恒速干燥阶段

见图 5.14 和图 5.15 中的 $BC$ 段。该段物料水分不断汽化，含水率不断下降。但由于这一阶段去除的是物料表面附着的非结合水分，水分去除的机理与纯水的相同，故在恒定干燥条件下，物料表面始终保持为湿球温度 $t_w$，传质推动力保持不变，因而干燥速率也不变。于是，在图 5.15 中，$BC$ 段为水平线。

只要物料表面保持足够湿润，物料的干燥过程总处于恒速阶段。而该段的干燥速率大小取决于物料表面水分的汽化速率，亦即决定于物料外部的空气干燥条件，故该阶段又称为表面汽化控制阶段。

（3）降速干燥阶段

随着干燥过程的进行，物料内部水分移动到表面的速度赶不上表面水分的汽化速率，物料表面局部出现"干区"，尽管这时物料其余表面的平衡蒸汽压仍与纯水的饱和蒸汽压相同，但以物料全部外表面计算的干燥速率因"干区"的出现而降低，此时物料中的含水率称为临界含水率，用 $X_c$ 表示，对应图 5.15 中的 $C$ 点，称为临界点。过 $C$ 点以后，干燥速率逐渐降低至 $D$ 点，$C$ 至 $D$ 阶段称为降速第一阶段。

干燥到点 $D$ 时，物料全部表面都成为干区，汽化面逐渐向物料内部移动，汽化所需的热量必须通过已被干燥的固体层才能传递到汽化面；从物料中汽化的水分也必须通过这一干燥层才能传递到空气主流中。干燥速率因热、质传递的途径加长而下降。此外,在 $D$ 点以后,物料中的非结合水分已被除尽。接下去所汽化的是各种形式的结合水,因而,平衡蒸汽压将逐渐下降,传质推动力减小,干燥速率也随之较快降低,直至到达点 $E$ 时,速率降为零。这一阶段称为降速第二阶段。

降速阶段干燥速率曲线的形状随物料内部的结构而异,不一定都呈现前面所述的曲线 $CDE$ 形状。对某些多孔性物料,可能降速两个阶段的界限不是很明显,曲线好像只有 $CD$ 段;对某些无孔性吸水物料,汽化只在表面进行,干燥速率取决于固体内部水分的扩散速率,故降速阶段只有类似 $DE$ 段的曲线。

与恒速阶段相比,降速阶段从物料中除去的水分量相对少许多,但所需的干燥时间却长得多。总之,降速阶段的干燥速率取决于物料本身结构、形状和尺寸,而与干燥介质状况关系不大,故降速阶段又称物料内部迁移控制阶段。

### 5.9.3　实验装置和流程

**1)实验装置示意图**

实验装置如图 5.16 所示。

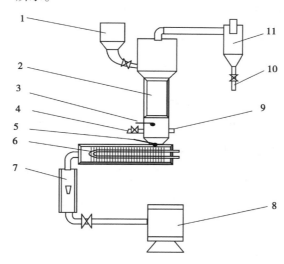

图 5.16　流化床干燥实验装置示意图

1—加料斗;2—床层(可视部分);3—床层测温点;4—取样口;5—出加热器热风测温点;
6—风加热器;7—转子流量计;8—风机;9—出风口;10—排灰口;11—旋风分离器

**2)实验装置流程**

空气经鼓风机、转子流量计、风加热器后进入流化床底部,物料从加料漏斗进入,空气自下而上地穿过固体颗粒随意填充状态的料层,气流速度达到或超过颗粒的临界化速度时,料层中颗粒呈上下翻腾,并有部分颗粒被气流夹带出料层进入旋风分离器进行气固分离。

**3)实验设备与仪表**

①鼓风机:220 V,550 W,最大风量:95 $m^3/h$,550 W。

②电加热器:额定功率 2.0 kW。

③干燥室:φ100 mm×750 mm。

④干燥物料:湿绿豆或耐水硅胶。

### 5.9.4 实验方法及步骤

①开启风机。

②打开仪表控制柜电源开关,加热器通电加热,床层进口温度要求恒定在70~80 ℃。

③将准备好的耐水硅胶/绿豆加入流化床进行实验。

④每隔4 min取样5~10 g分析,同时记录床层温度。

⑤待耐水硅胶/绿豆恒重时,即为实验终点,关闭仪表电源。

⑥关闭加热电源。

⑦关闭风机,切断总电源,清理实验设备。

### 5.9.5 实验注意事项

必须先开风机,后开加热器,否则加热管可能会被烧坏。

### 5.9.6 实验数据记录与处理

①绘制干燥曲线(失水量~时间关系曲线)。

②根据干燥曲线作干燥速率曲线。

③读取物料的临界湿含量。

④绘制床层温度随时间变化的关系曲线。

⑤对实验结果进行分析讨论。

### 5.9.7 实验报告中实验结果部分的要求

将实验所得数据填入实验数据记录表,见表5.17。

表 5.17 流化床干燥综合实验记录表

姓名:_____    同组者:_____    班级:_____    实验日期:_____

指导教师:_____    干燥表面积 $A$:_____ $m^2$    通道面积:_____ $m^2$

绝干物料质量 $G_c$:_____ g    空气温度:_____ ℃    空气湿球温度:_____ ℃

| 序号 | 天平读数 | 湿物料质量 | 物料湿含量 | 失去水分 | 干燥速度 | $r_w$ | $\alpha$ | $K_H$ |
|------|----------|------------|------------|----------|----------|-------|----------|-------|
| 1 | | | | | | | | |
| 2 | | | | | | | | |
| 3 | | | | | | | | |
| 4 | | | | | | | | |
| 5 | | | | | | | | |

续表

| 序号 | 天平读数 | 湿物料质量 | 物料湿含量 | 失去水分 | 干燥速度 | $r_w$ | $\alpha$ | $K_H$ |
|------|----------|------------|------------|----------|----------|-------|----------|-------|
| 6    |          |            |            |          |          |       |          |       |
| 7    |          |            |            |          |          |       |          |       |
| 8    |          |            |            |          |          |       |          |       |
| 9    |          |            |            |          |          |       |          |       |
| 10   |          |            |            |          |          |       |          |       |
| 11   |          |            |            |          |          |       |          |       |
| 12   |          |            |            |          |          |       |          |       |
| 13   |          |            |            |          |          |       |          |       |
| 14   |          |            |            |          |          |       |          |       |
| 15   |          |            |            |          |          |       |          |       |

### 5.9.8　实验讨论

①什么是恒定干燥条件？本实验装置中采用了哪些措施来保持干燥过程在恒定干燥条件下进行？

②控制恒速干燥阶段速率的因素是什么？控制降速干燥阶段干燥速率的因素又是什么？

③为什么要先启动风机,再启动加热器？实验过程中床层温度是如何变化的？为什么？如何判断实验已结束？

④若加大热空气流量,干燥速率曲线有何变化？恒速干燥速率、临界湿含量又如何变化？为什么？

# 5.10　非均相分离综合实验

### 5.10.1　实验任务与目的

①了解流化床、重力沉降室、旋风分离器及布袋除尘器的机构和工作原理。

②观察气固两相在重力沉降室、旋风分离器及布袋除尘器中的分离情况(颗粒大小、除尘效率)。

③观察沉降室、旋风分离器的流动状态,测定旋风分离器的特性。

### 5.10.2 实验基本原理

若将气体自下而上通过流化床中固体颗粒层时,在气流速度由小增大的过程中,颗粒层的高度、压强将发生阶段变化,本实验主要研究床层内固体颗粒由不发生相对位移到悬浮气流中运动规律,最后以气流速度 $u$ 和 $\Delta P$ 来表示。

对气态非均相物系,由于其连续相(气体)和分散相(尘粒)具有不同的物理性质(如密度、黏度等),且性质相差巨大,因此一般可用机械分离法将它们分离。要实现这种分离,必须使分散相和连续相之间发生相对运动,因此,机械分离操作遵循流体力学的基本规律。根据两相运动方式的不同,机械分离分为沉降和过滤两种方式。

根据作用力不同,沉降又分为重力沉降、离心沉降、惯性沉降、惯性离心力沉降等,不同的方法对应不同的操作设备。本实验装置的降尘室属于重力沉降,除尘室属于惯性力沉降,旋风分离器属于离心力沉降。根据推动力不同,过滤分离又分为重力过滤、压差力过滤、离心力过滤等方法。对于气固相一般用压差力过滤。压差力过滤又有正压过滤和负压抽滤两种。本实验采用正压过滤法。采用工业上最常用的布袋除尘器。

旋风分离器主体上部是圆筒形,下部是圆锥形,含尘气体从侧面的矩形进气管切向进入分离器内,然后在圆筒内做自上而下的圆周运动。颗粒在随气流旋转过程中被抛向器壁,沿器壁落下,自锥底排出。由于操作时旋风分离器底部处于密封状态,所以被净化的气体到达底部后折向上,沿中心轴旋转着从顶部的中央排气管排出。对一定结构的分离器,其分离效率与气体进入分离器的流速、颗粒大小等因素有关。

本实验着重研究不同气速对旋风分离器效率的影响,以及在不同气速下,气流经分离器而产生的压降大小。

分离器效率可采用单位时间内加入的粉尘量与经旋风分离器收集的粉尘量之百分比来表示,即:

$$\eta = \frac{G_1 - G_2}{G_1} \times 100\% \tag{5.58}$$

式中 $\eta$——分离器的总效率;

$G_1$, $G_2$——进入和输出的粉尘量,kg。

### 5.10.3 实验装置及流程

**1)实验装置示意图**

非均相分离综合实验装置示意图如图 5.17 所示。

**2)实验装置流程**

离心风机 P101 将空气经流化床进气阀 HIV101 送入流化床 T101 的底部,经分布板分布后与固体颗粒接触,从流化床顶部进入沉降室 C101 进行分离,排出的气体进入旋风分离器 C102 进行气固分离,排出的气体再进入布袋除尘器 C103,颗粒收集于旋风分离器内。空气流量由孔板流量计 U 形管压力计计量。

**3)实验设备与仪表**

非均相分离综合实验装置主要技术参数见表 5.18。

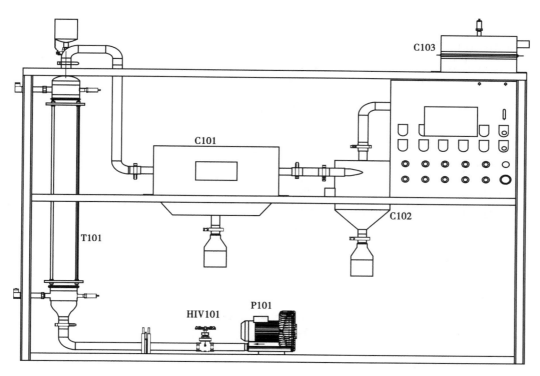

图 5.17   非均相分离综合实验装置示意图

表 5.18   非均相分离综合实验装置主要技术参数表

| 位　号 | 名　称 | 规　格 |
|---|---|---|
| T101 | 流化床 | $\phi$109 mm×1 000 mm,材质有机玻璃,底部带支撑板和筛网 |
| C101 | 沉降室 | 500 mm×200 mm×400 mm,带视窗 |
| C102 | 旋风分离器 | $\phi$300 mm×400 mm 旋风分离器,带收集罐 |
| C103 | 布袋除尘器 | 300 mm×200 mm×400 mm,内置 4 个布袋,带收集罐 |
| P101 | 离心风机 | 380 V,550 W,带过滤器和消音器,0~100 m³/h,20 kPa |

### 5.10.4   实验方法及步骤

①开启总电源开关。向加料漏斗中加入一定事先称好的硅胶球颗粒,然后打开加料漏斗底部阀门,向流化床中加入硅胶球颗粒,加料完毕后,关闭加料漏斗底阀。

②全开风机出口阀门和旁路调节阀后,在控制面板上启动风机按钮。

③慢慢关小风机出口旁路阀,并观察孔板流量计读数,调至合适风量为止。

④观察流化床中床层现象和现场仪表读数情况,并记录下来。

⑤用风机出口旁路阀门来改变风量,待风量稳定后,观察流化床现象和沉降室情况,并

记录相应仪表数据。

⑥用同样的操作方法,改变风量做 5 组数据,并对比观察实验现象。

⑦实验结束后,在控制面板上停风机按钮,打开沉降室和旋风分离器下部接收器,将固体颗粒回收,打开布袋除尘器,将其固体颗粒回收,并分别称重。

⑧关闭实验装置总电源开关,将实验装置中的实验物料清理干净。

### 5.10.5 实验注意事项

①风机启动前,应保证风机出口管路畅通。
②固体物料加料完毕后,应将加料漏斗阀门关闭,防止物料吹走。
③使用沉降室、旋风分离器、布袋除尘器设备清理固体颗粒时,应在风机停止下操作。
④实验进行中不要改变智能仪表的设置。

### 5.10.6 实验数据记录及处理

将实验所得数据填入实验数据记录表,见表 5.19。

#### 表 5.19 非均相分离综合实验记录表

姓名:_____    同组者:_____    班级:_____    实验日期:_____
指导教师:_____

| 序号 | 风压 | 流化床压差 | 重力沉降室物料量 | 重力沉降室分离率 | 旋风分离器物料量 | 旋风分离器分离率 | 布袋除尘器物料量 | 布袋除尘器分离率 |
|---|---|---|---|---|---|---|---|---|
| 1 | | | | | | | | |
| 2 | | | | | | | | |
| 3 | | | | | | | | |
| 4 | | | | | | | | |
| 5 | | | | | | | | |
| 6 | | | | | | | | |
| 7 | | | | | | | | |
| 8 | | | | | | | | |

### 5.10.7 实验报告中实验结果部分的要求

①绘制原始记录及处理表,将实验数据和计算结果列在表格中,并以其中一组数据为例写出详细计算过程。
②绘制 $u$ 和 $\Delta P$ 的关系曲线。

③计算重力沉降室、旋风分离器及布袋除尘器的总分离效率。

### 5.10.8　实验讨论

①简述重力沉降的概念？并列出重力沉降速度的主要因素？
②简述离心沉降的原理。
③旋风分离器分离效率的影响因素有哪些？对一定的物系,要提高分离效率应该采取何种措施？

# 第 **6** 章
# 选做与演示实验

## 6.1 流线演示实验

### 6.1.1 实验任务与目的

①观察流体在经过弯曲流道、突然扩大、突然缩小和绕过物体流动时边界层分离形成漩涡的现象。

②观察流体流过孔板、喷嘴、转子、文丘里管、三通、弯头、阀门、弯曲流道、突然扩大、突然缩小形成涡流现象,并定性地考察与流速的关系。

### 6.1.2 实验基本原理

流速均匀的流体在流体平板或相同管径的管道时,会在紧贴固体壁面上产生边界层。当流体经过球体、圆柱体等其他形状的固体表面时,或流经管径突然改变处的管道时,流体的边界层将产生与固体表面脱离的现象,即边界层的分离,在此处流体将产生漩涡,从而加剧流体质点间的碰撞,增大了流体的能量损失。

本演示实验采用气泡示踪法,可以把流体流过不同几何形状的固体中的流线、边界层分离现象以及漩涡发生的区域和强弱等流动图像清晰地显示出来。

### 6.1.3 实验装置及流程

流线演示实验装置示意图如图 6.1 所示。在面板上有三通、异径接头、文丘里、孔板、正方形排列、正三角形排列、闸阀等多种通过流道或绕流线不同的实验装置。

### 6.1.4 实验方法及步骤

①使用前,将加水开关打开,将去离子水加入水箱中,至水位达到水箱高度的 2/3 止。

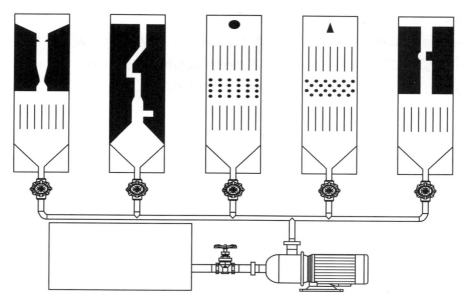

图 6.1　流线演示实验装置示意图

②开泵:水箱液位达标后,打开离心泵进口阀让流体进入泵内排除泵内气体。按泵电源开关启动泵。观察泵出口压力表读数,并听泵运转声音是否异常。然后打开泵出口阀。

③分别打开各流道进口阀门:观察水在流过不同流道时的变化形式与漩涡的形成。

④继续调节各流道进口阀门:观察不同流速下的流线变化形式与漩涡的大小。

### 6.1.5　实验讨论

①输送流体时为何要避免漩涡的形成?

②为何在传热、传质过程中要形成适当的漩涡?

## 6.2　雷诺演示实验

### 6.2.1　实验目的及任务

①观察流体在管内做层流、过渡流、湍流的流动形态及流动过程的速度分布。

②测定出不同流动形态对应的雷诺数。

### 6.2.2　实验基本原理

流体在管内的流动形态可分为层流、过渡流、湍流 3 种状态,可根据雷诺数来判断。流体在管内流动状态主要受流速、管径、流体密度及黏度的影响。通常由这 4 个物理量组成的 $Re$ 来判定。

$$Re = \frac{du\rho}{\mu}$$

(6.1)

97

在工程上一般认为,流体在直圆管内流动时,当 $Re \leqslant 2\ 000$ 时为层流,当 $Re \geqslant 4\ 000$ 时为湍流,$2\ 000 < Re < 4\ 000$ 时为过渡区,此区间二者交替出现,可能为湍流,也可能为层流。

对一定温度的流体,在特定的管内流动,雷诺数仅与流体流速有关。本实验就是通过改变流体在管内的流速观察在不同雷诺数下流体的流动形态。

### 6.2.3 实验装置及流程

本实验装置如图 6.2 所示,管道水平安装,实验物料为自来水,循环使用。

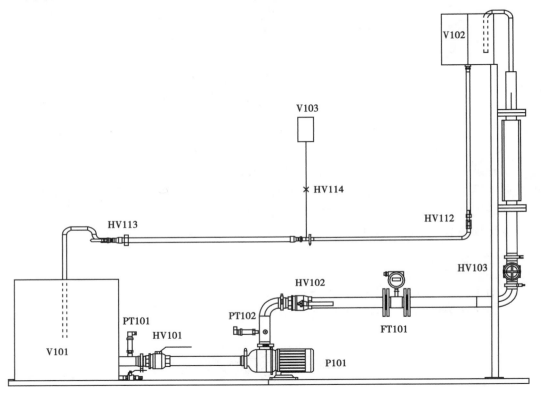

图 6.2 雷诺演示实验装置示意图

### 6.2.4 实验操作要点

**1)雷诺演示实验**

①向下口瓶中加入适量用水稀释过的浓度适中的红墨水,调节调节夹使红墨水充满进样管。

②熟悉实验装置及流程,观察与调试各部位的测量仪表。首先按下设备控制柜绿色按钮,启动电源。然后将水箱底部的根部阀关闭,打开自来水给水阀,将水箱液位上涨至容量的 80% 左右,同时关闭装置其他所有阀门。

③开泵:水箱液位达标后,打开离心泵进口阀让流体进入泵内排除泵内气体。按泵电源

开关启动泵。固定转速(频率为 50 Hz),观察泵出口压力表读数,并听泵运转声音是否异常。

④打开上水阀,加水至水箱溢流口附近。全开阀门 HV112,再缓慢打开 HV113,由小到大调节流量,观察演示管中红色液体流量,查看应对 $Re$。

**2)圆管内流体速度分布演示实验**

①关闭阀门 HV112、HV113,将红墨水流量调节夹打开,使红墨水滴落在不流动的实验管路中。

②突然打开 HV113 流量调节阀,在实验管路中可以清晰地看到红墨水流动所形成的速度分布。

③实验结束后,首先关闭红墨水流量夹,停止红墨水流动。关闭进水阀,停泵,使自来水停止流入水槽。最后,将设备内各处存水放净。

### 6.2.5　实验注意事项

①演示层流流动时,为了使层流状况能较快形成并保持稳定,请使水槽溢流流量尽可能小,因为溢流过大,进水流量也大,进水和溢流两者造成的振动都比较大,会影响实验结果。

②尽量不要人为地使实验架产生振动,为减小振动,保证实验效果,可对实验架底进行固定。

### 6.2.6　实验讨论

①流体流动有几种形态,判断依据是什么?

②什么是雷诺数? 有何意义?

## 6.3　换热器、管路与机泵装置拆装实验

### 6.3.1　实验任务及目的

①了解卧式换热器、管件和仪表的构造及工作原理,熟悉各部件的名称及作用。

②掌握典型换热器的结构及组装。掌握换热工艺系统的组成、组装、检测、控制、试压和操作。

③深化理解化工原理、化工工艺、化工仪表、化工设备、化工制图和化工设计等多门化工专业核心理论课程。

### 6.3.2　实验装置和流程

换热器、管路与机泵装置拆装实验以卧式换热器、离心泵、储槽为主体,配件有管路、管

件、阀门和测量仪表等,作为教学需要,备有常用金工工具、存货台架和劳保防护用品等。装置流程如图6.3所示,水槽中的水经泵送至换热器入口,水走管程,换热后水流入水槽,从而完成水的循环,壳程流体则可接自来水,充当换热介质。

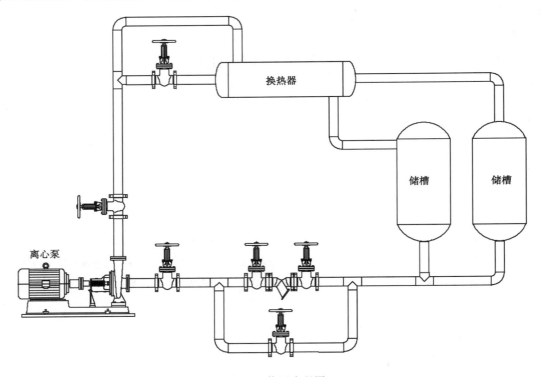

图6.3 装置流程图

拆装基本要求如下所述。

(1)螺纹连接

螺纹连接也称丝扣连接,只适用于公称直径不超过65 mm、工作压力不超过1 MPa、介质温度不超过373 K的热水管路和公称直径不超过100 mm、公称压力不超过0.98 MPa的给水管路;也可用于公称直径不超过50 mm、工作压力不超过0.196 MPa的饱和蒸汽管路;此外,只有在连接螺纹的阀件和设备时,才能采用螺纹连接。

螺纹连接时,在螺纹之间常加麻丝、石棉线和铅油等填料。现一般采用聚四氟乙烯作填料,密封效果较好。

(2)焊接连接

焊接是管路连接的主要形式,一般采用气焊、手工电弧焊、手工氩弧焊、埋弧自动焊、埋弧半自动焊、接触焊和气压焊等。在施工现场焊接碳钢管路,常采用气焊或手工电弧焊。电焊的焊缝强度比气焊的焊缝强度高,并且比气焊经济,因此,应优先采用电焊连接。只有公称直径小于80 mm,壁厚小于4 mm的管子才用气焊连接。

（3）法兰连接

法兰连接在石油、化工管路中应用极为广泛,其优点是强度高,密封性能好,适用范围广,拆卸、安装方便。

（4）阀门安装

阀门安装时应把阀门清理干净,关闭阀门后才能进行安装,单向阀、截止阀及调节阀安装时应注意介质流向。

（5）泵的安装

泵的管路安装原则是保证良好的吸入条件与方便检修。泵的吸入管路要短而直,阻力小,避免"气袋",避免产生积液,泵的安装标高要保证足够的吸入压头,泵的上方不要布置管路便于泵的检修。

（6）水压试验

管路安装完毕后,应作水压试验,试验是否有漏气或漏液现象。管路的操作压力不同,输送的物料不同,试验的要求也不同。当管路系统进行水压试验时试验压力（表压）为300 kPa,在试验压力下维持 5 min,未发现渗漏现象,则水压试验即为合格。

### 6.3.3　实验方法及步骤

①操作前佩戴好手套、安全帽等防护工具。

②操作前先将拆装管路内水放净,并检查所有阀门是否处于关闭状态。

③拆装顺序:由上至下,先仪表后阀门,拆卸过程注意不要损坏管件和仪表,拆下来的管道、管件、仪表、螺栓要分类放置。

④拧紧螺栓时应对称,十字交叉进行,以保证垫片处受力均匀,拧紧后的螺栓露出丝口长度不大于螺栓直径的一半,并且不小于 2 mm。

⑤安装时应保证法兰用同一规格螺栓安装并保持方向一致,每支螺栓加垫片不超过一个,法兰也同样操作,加装盲板的法兰除外。

⑥应正确安装使用 8 字盲板。

⑦进行管道或部件水压实验时,升压要缓慢,升压时禁止动法兰螺钉或油刃,严禁敲击或站在堵头对面,稳压后方可进行检查,非操作人员不得在盲板、法兰、焊口、丝口处停留。

⑧学会使用手动加压泵,能按试压程序完成试压操作,在规定压强下和时间内管路所有接口无渗漏现象。

### 6.3.4　操作注意事项

①拆卸过程中要保管好垫片、法兰及其紧固件。

②测量仪表是精密仪器,在拆卸和安装过程中要小心轻放,且仪表本身不能再拆卸。

③管路的安装应保证横平竖直。水平管的偏差不大于 15 mm/10 m,且全长水平安装偏

差不能大于 50 mm,垂直管安装偏差不能大于 10 mm。

④阀门安装时应把阀门清理干净,并处于关闭状态,再进行安装;单向阀、截止阀及调节阀安装时应注意介质流向,并留有合理的操作空间。

⑤法兰安装要做到对得正、不反口、不错口、不张口、法兰密封面清理干净、其表面不得有沟纹;垫片的位置要放正,不能加入双层垫片;在紧螺栓时要按对称位置的秩序拧紧,紧好之后,螺栓两头应露出 2~4 扣。

⑥安全生产,控制好储槽液位和富液槽液封操作。

⑦注意泵密封,防止泄漏,严防泵发生气缚、汽蚀现象。

⑧注意储槽位变化和系统压力变化,严禁超压。

# 附　录

## 附录 1　干空气的物理性质($P = 101.325\ \text{kPa}$)

| 温度 $t$ / ℃ | 密度 $\rho$ /( kg · m$^{-3}$) | 定压比热容 $C_p$ /[ kJ · ( kg · ℃$^{-1}$)] | 热导率 $\lambda$ /[ 10$^{-2}$W · ( m · ℃$^{-1}$)] | 黏度 $\mu$ /10$^{-5}$Pa · s | 普朗特数 $Pr$ |
|---|---|---|---|---|---|
| −50 | 1.584 | 1.013 | 2.035 | 1.46 | 0.728 |
| −40 | 1.515 | 1.013 | 2.117 | 1.52 | 0.728 |
| −30 | 1.453 | 1.013 | 2.198 | 1.57 | 0.723 |
| −20 | 1.395 | 1.009 | 2.279 | 1.62 | 0.716 |
| −10 | 1.342 | 1.009 | 2.360 | 1.67 | 0.712 |
| 0 | 1.293 | 1.009 | 2.442 | 1.72 | 0.707 |
| 10 | 1.247 | 1.009 | 2.512 | 1.77 | 0.705 |
| 20 | 1.205 | 1.013 | 2.593 | 1.81 | 0.703 |
| 30 | 1.165 | 1.013 | 2.675 | 1.86 | 0.701 |
| 40 | 1.128 | 1.013 | 2.756 | 1.91 | 0.699 |
| 50 | 1.093 | 1.017 | 2.826 | 1.96 | 0.698 |
| 60 | 1.060 | 1.017 | 2.896 | 2.01 | 0.696 |

续表

| 温度 $t$ / ℃ | 密度 $\rho$ / (kg·m$^{-3}$) | 定压比热容 $C_p$ / [kJ·(kg·℃$^{-1}$)] | 热导率 $\lambda$ / [10$^{-2}$W·(m·℃$^{-1}$)] | 黏度 $\mu$ / 10$^{-5}$Pa·s | 普朗特数 $Pr$ |
|---|---|---|---|---|---|
| 70 | 1.029 | 1.017 | 2.966 | 2.06 | 0.694 |
| 80 | 1.000 | 1.022 | 3.047 | 2.11 | 0.692 |
| 90 | 0.972 | 1.022 | 3.128 | 2.15 | 0.690 |
| 100 | 0.946 | 1.022 | 3.210 | 2.19 | 0.688 |
| 120 | 0.898 | 1.026 | 3.338 | 2.29 | 0.686 |
| 140 | 0.854 | 1.026 | 3.489 | 2.37 | 0.684 |
| 160 | 0.815 | 1.026 | 3.640 | 2.45 | 0.682 |
| 180 | 0.779 | 1.034 | 3.780 | 2.53 | 0.681 |
| 200 | 0.746 | 1.034 | 3.931 | 2.60 | 0.680 |
| 250 | 0.674 | 1.043 | 4.268 | 2.74 | 0.677 |
| 300 | 0.615 | 1.047 | 4.605 | 2.97 | 0.674 |
| 350 | 0.566 | 1.055 | 4.908 | 3.14 | 0.676 |
| 400 | 0.524 | 1.068 | 5.210 | 3.31 | 0.678 |
| 500 | 0.456 | 1.072 | 5.745 | 3.62 | 0.687 |
| 600 | 0.404 | 1.089 | 6.222 | 3.91 | 0.699 |
| 700 | 0.362 | 1.102 | 6.711 | 4.18 | 0.706 |
| 800 | 0.329 | 1.114 | 7.176 | 4.43 | 0.713 |
| 900 | 0.301 | 1.127 | 7.630 | 4.67 | 0.717 |
| 1 000 | 0.277 | 1.139 | 8.071 | 4.90 | 0.719 |
| 1 100 | 0.257 | 1.152 | 8.502 | 5.12 | 0.722 |
| 1 200 | 0.239 | 1.164 | 9.153 | 5.35 | 0.724 |

## 附录 2　水的重要物理性质

| 温度 $t$ /℃ | 密度 $\rho$ /(kg·m⁻³) | 比热 $c_p$ /[kJ·(kg·K)⁻¹] | 热导率 $\lambda$ /[W·(m·K)⁻¹] | 黏度 $\mu$ /[10⁵ mPa·s⁻¹] | 表面张力 $\sigma$ /[10³ mN·m⁻¹] |
|---|---|---|---|---|---|
| 0.0 | 999.9 | 4.212 | 0.550 8 | 178.78 | 75.61 |
| 5.0 | 999.8 | 4.202 | 0.562 5 | 154.66 | 74.88 |
| 10.0 | 999.7 | 4.191 | 0.574 1 | 130.53 | 74.14 |
| 15.0 | 994.0 | 4.187 | 0.586 3 | 115.48 | 73.41 |
| 20.0 | 988.2 | 4.183 | 0.598 5 | 100.42 | 72.67 |
| 25.0 | 992.0 | 4.179 | 0.607 8 | 90.27 | 71.94 |
| 30.0 | 995.7 | 4.174 | 0.617 1 | 80.12 | 71.20 |
| 35.0 | 994.0 | 4.174 | 0.625 2 | 72.72 | 70.42 |
| 40.0 | 992.2 | 4.174 | 0.633 3 | 65.32 | 69.63 |
| 43.5 | 990.8 | 4.174 | 0.638 2 | 61.68 | 68.94 |
| 50.0 | 988.1 | 4.174 | 0.647 3 | 54.92 | 67.67 |
| 55.0 | 985.7 | 4.176 | 0.653 1 | 50.95 | 66.94 |
| 60.0 | 983.2 | 4.178 | 0.658 9 | 46.98 | 66.20 |
| 65.0 | 980.5 | 4.173 | 0.663 0 | 43.79 | 65.27 |
| 70.0 | 977.8 | 4.167 | 0.667 0 | 40.60 | 64.33 |
| 75.0 | 974.8 | 4.181 | 0.670 5 | 38.05 | 63.45 |
| 80.0 | 971.8 | 4.195 | 0.674 0 | 35.50 | 62.57 |
| 85.0 | 968.6 | 4.202 | 0.676 9 | 33.49 | 61.64 |
| 90.0 | 965.3 | 4.208 | 0.679 8 | 31.48 | 60.71 |

续表

| 温度 $t$ /℃ | 密度 $\rho$ /($kg \cdot m^{-3}$) | 比热 $c_p$ /[$kJ \cdot (kg \cdot K)^{-1}$] | 热导率 $\lambda$ /[$W \cdot (m \cdot K)^{-1}$] | 黏度 $\mu$ /[$10^5 mPa \cdot s^{-1}$] | 表面张力 $\sigma$ /[$10^3 mN \cdot m^{-1}$] |
|---|---|---|---|---|---|
| 95.0 | 961.9 | 4.214 | 0.681 0 | 29.86 | 59.78 |
| 100.0 | 958.4 | 4.220 | 0.682 1 | 28.24 | 58.84 |
| 109.0 | 951.7 | 4.232 | 0.684 2 | 26.13 | 57.08 |
| 110.0 | 951.0 | 4.233 | 0.684 4 | 25.89 | 56.88 |
| 115.0 | 947.1 | 4.242 | 0.685 0 | 24.81 | 55.85 |
| 120.0 | 943.1 | 4.250 | 0.685 6 | 23.73 | 54.82 |
| 125.0 | 939.0 | 4.258 | 0.685 6 | 22.75 | 53.84 |
| 130.0 | 934.8 | 4.266 | 0.685 6 | 21.77 | 52.86 |
| 135.0 | 930.5 | 4.277 | 0.685 0 | 20.94 | 51.78 |
| 140.0 | 926.1 | 4.287 | 0.684 4 | 20.10 | 50.70 |
| 141.0 | 925.2 | 4.290 | 0.684 3 | 19.95 | 50.49 |
| 150.0 | 917.0 | 4.312 | 0.683 3 | 18.63 | 48.64 |
| 159.0 | 908.4 | 4.343 | 0.682 2 | 17.49 | 46.79 |
| 160.0 | 907.4 | 4.346 | 0.682 1 | 17.36 | 46.58 |

## 附录 3 二氧化碳在水中的亨利系数($E \times 10^{-5}$,kPa)

| 温　度 | 0 | 5 | 10 | 15 | 20 | 25 | 30 | 35 | 40 | 45 | 50 | 60 |
|---|---|---|---|---|---|---|---|---|---|---|---|---|
| $CO_2$ | 0.738 | 0.888 | 1.05 | 1.24 | 1.44 | 1.66 | 1.88 | 2.12 | 2.36 | 2.60 | 2.87 | 3.46 |

## 附录4　常压下乙醇-水溶液的汽液平衡数据

| 液相乙醇摩尔百分数 | 气相乙醇摩尔百分数 | 液相乙醇摩尔百分数 | 气相乙醇摩尔百分数 |
|---|---|---|---|
| 0 | 0 | 45 | 63.5 |
| 1 | 11 | 50 | 65.7 |
| 2 | 17.5 | 55 | 67.8 |
| 4 | 27.3 | 60 | 69.8 |
| 6 | 34 | 65 | 72.5 |
| 8 | 39.2 | 70 | 75.5 |
| 10 | 43 | 75 | 78.5 |
| 14 | 48.2 | 80 | 82 |
| 18 | 51.3 | 85 | 85.5 |
| 20 | 52.5 | 89.4 | 89.4 |
| 25 | 55.1 | 90 | 89.8 |
| 30 | 57.5 | 95 | 94.2 |
| 35 | 59.5 | 100 | 100 |
| 40 | 61.4 | | |

# 参考文献

［1］王春蓉.化工原理实验［M］.北京:化学工业出版社,2018.

［2］陈远贵.化工原理实验［M］.2 版.成都:四川大学出版社,2016.

［3］梁克中.化学工程与工艺专业实验［M］.重庆大学出版社,2011.

［4］赵秀琴,王要令.化工原理［M］.北京:化学工业出版社,2016.

［5］王要令.化工原理课程设计［M］.北京:化学工业出版社,2016.

［6］谭天恩,窦梅,等.化工原理［M］.4 版.北京:化学工业出版社,2013.

［7］王卫东,徐洪军.化工原理实验［M］.北京:化学工业出版社,2017.

［8］赵清华,谭怀琴,白薇扬,等.化工原理实验［M］.北京:化学工业出版社,2018.

［9］邓秋林,卿大咏.化工原理实验［M］.北京:化学工业出版社,2020.

［10］汤秀华,杨郭.化工原理实验［M］.2 版.重庆:重庆大学出版社,2014.